V

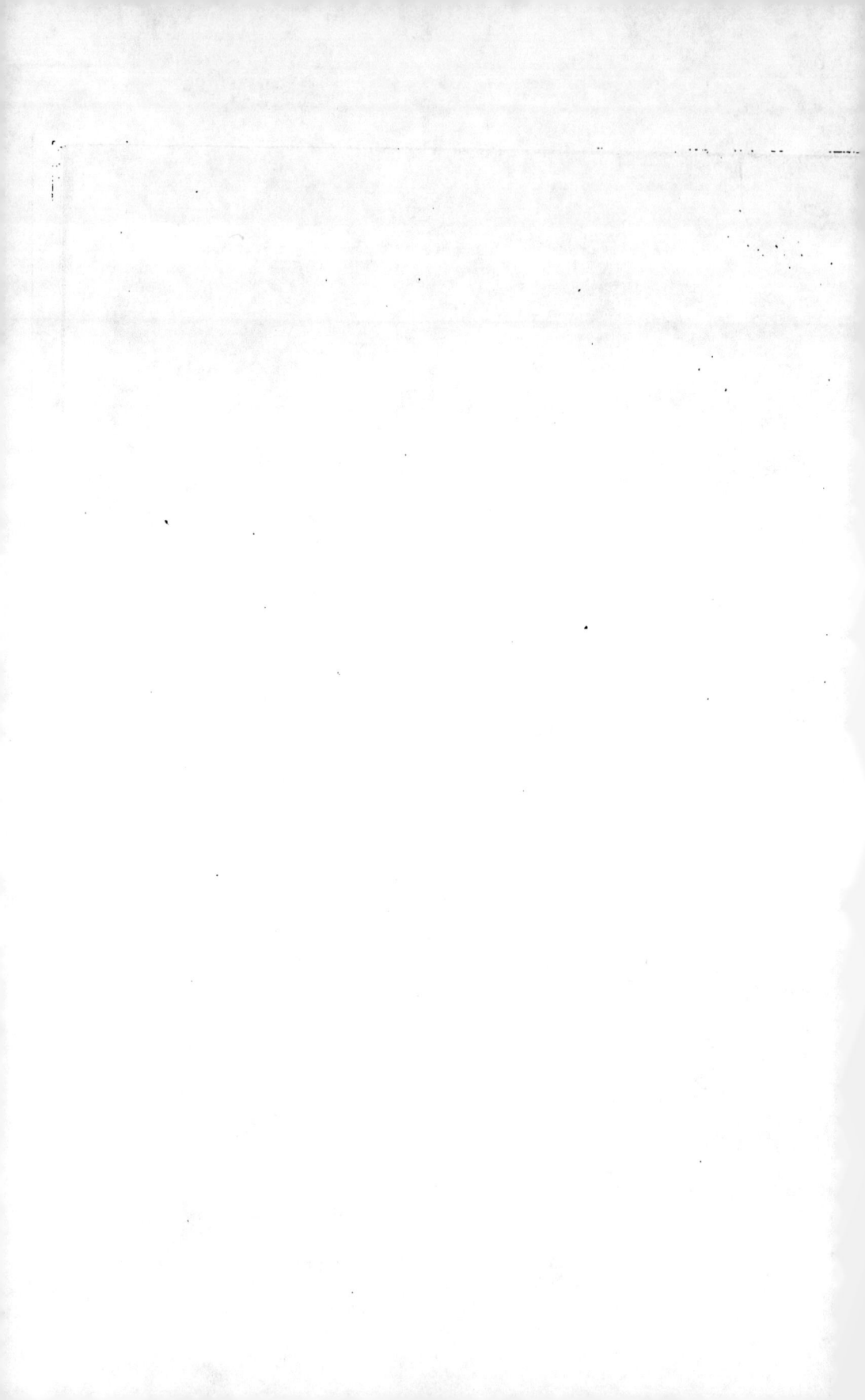

RAPPORT

DU

PRÉSIDENT DE LA COMMISSION SPÉCIALE

PRÈS

L'ASSOCIATION DES VUIDANGES D'ARLES

AU SUJET DU MODE SUIVI ET DES RÉSULTATS PRÉSENTÉS PAR LES EXPERTS DE 1855

pour la répartition des charges d'entretien des Ouvrages

anciens et nouveaux

QUI CONSTITUENT LE DESSÈCHEMENT QUI DONNA LIEU A LADITE ASSOCIATION

NIMES

DE L'IMPRIMERIE SOUSTELLE

Boulevart Saint-Antoine, 9.

1860

(C.)

LE PRÉSIDENT

DE LA COMMISSION SPÉCIALE

PRÈS L'ASSOCIATION DES VUIDANGES D'ARLES

A MESSIEURS LES MEMBRES DE CETTE COMMISSION

MESSIEURS,

Le besoin de suppléer à l'insuffisance des rapports que MM. les experts, auteurs du cadastre de 1855, vous ont adressés pour justifier les principes qu'ils ont suivis et l'application qu'ils en ont faite, quand il s'est agi pour eux de maintenir, incorporer, classer ou exonérer les propriétés qui concourent ou doivent concourir aux charges d'entretien des travaux, anciens et nouveaux, qui constituent l'œuvre complète du dessèchement, ce besoin, dis-je, Messieurs, vous fit désirer qu'un travail de dépouillement des livres qui présentent ces diverses opérations vînt s'ajouter aux facilités que doivent offrir à l'impartialité de vos jugements, les vérifications du périmètre et des nivellements, que vous avez demandées à des hommes compétents.

A cette fin, vous voulûtes bien me permettre, Messieurs, de m'occuper de ce dépouillement dont mon désir de vous seconder ne mesura pas l'importance.

J'ai, aujourd'hui, Messieurs, l'honneur de vous soumettre le résultat de ce travail qui, quoique incomplet, vous éclairera suffisamment, j'ai lieu de le croire, sur les causes suivantes de vos délibérations.

—

De sérieux retranchements (1,742 hect.) sont faits au chiffre de la surface donnée par le cadastre de 1,683 aux terrains classés comme ayant intérêt au maintien de l'œuvre de dessèchement opérée par Wan-Ens.

Ces retranchements, en admettant que les résultats présentés soient exacts, accroissent, de plus de dix pour cent, les charges de ceux qui, maintenus, doivent concourir tant au paiement de la dette antérieure à ce dessèchement qu'à la conservation des effets de celui-ci.

Pour justifier un tel résultat, les experts ne produisent rien de comparatif ; les conséquences de leurs procédés ne peuvent donc être ni appliquées, ni justifiées par la commission.

—

Le cadastre de 1683 devait être la base des répartitions de la dette et des dépenses d'entretien de l'œuvre de Wan-Ens, désignée par anciens travaux.

L'application de ce cadastre n'a été faite que dans le premier cas ; dans le second, une classification absolument étrangère lui a été substituée.

Ce procédé qui a des conséquences qui produisent des perturbations incohérentes avec les traités, les droits des parties, le cadastre ancien, et les stipulations du règlement de 1851 qui pose les bases du mandat des experts, est-il admissible par la commission ?

—

Par des combinaisons de chiffres et de classes, les experts de 1855 ont obtenu un résultat qui donne aux biens des dessiccateurs des intérêts en rapport avec ceux de leurs co-contribuables, en ne mettant à leur charge que le tiers de la dépense des travaux anciens et nouveaux.

Ces combinaisons, dont les résultats ont l'apparence de la plus grande justice, n'ont plus d'effet dès que les rapports supposés cessent, tant par la variation du nombre que par celle des classements des intéressés.

Dans ce cas, la commission peut-elle admettre que les droits ou les obligations des successeurs de Wan-Ens soient respectés ?

—

La répartition de la dépense nécessaire par l'entretien des nouveaux travaux, devait être faite sur les propriétés comprises dans le périmètre desséché ou amélioré par l'œuvre, en raison des bénéfices que ces propriétés éprouvent de cette nouvelle œuvre, et en dehors de ceux dont elles jouissent des effets du dessèchement opéré par Wan-Ens.

Les experts n'ont fait aucune distinction de ces deux natures de bénéfices ; leurs classements donnent à chacun le même degré d'intérêt dans les deux cas.

De telle sorte, que celui qui, sans intérêt aux travaux de Wan-Ens, est mis par l'œuvre nouvelle dans un état de dessèchement qui lui donne le premier degré de besoin de la conservation de cette œuvre, est, par ce fait seul imposé au même degré pour l'œuvre ancienne, de laquelle il n'éprouva jamais aucun bien, et dont l'altération ne peut avoir lieu qu'alors que les améliorations produites pour lui ont cessé d'exister.

De telle sorte aussi, que celui qui est maintenu au premier degré d'intérêt à la conservation des travaux de Wan-Ens, paie au même degré dans le second cas, alors que l'œuvre nouvelle pourrait disparaître sans que son état passé fût sensiblement altéré.

Cette répartition est-elle équitable ?

—

Les conséquences que je crois devoir résulter des solutions que vous donnerez, Messieurs, aux questions que soulèvent les causes ci-dessus, me paraissent graves ; c'est dans cette pensée que je crois devoir mettre sous vos yeux les faits qui éclaireront et justifieront ces solutions.

Veuillez donc, je vous prie, prêter quelque attention à ce qui suit.

TABLEAUX de COMPARAISON des Cadastres de 1683 et de 1855,

POUR LA COTISATION AUX VUIDANGES D'ARLES.

N° 4   CADASTRE DE 1683.

CLASSE ou DEGRÉ D'INTÉRÊT.	EN MESURES ANCIENNES la Cétérée valant 0 hectare 26 ares 194 milliares.				EN MESURES MÉTRIQUES l'Hectare valant 3 cétérées 81 dextres 7668 dixmill.		
	SURFACE par classe EN CÉTÉRÉES et dextres.	COTISATION PAR CÉTÉRÉE de chaque classe.	IMPOT PAR CLASSE selon le nombre de cétérées.		SURFACE PAR CLASSE en mesures métriques.	COTISATION PAR HECTARE de chaque classe.	IMPOT PAR CLASSE selon le nombre d'hectares.
	cétérées dext.	sous	livres sous den.		hectares ares fraction.	fr. cent. fraction.	francs cent.
1re	2423 67	20	2,423 13 4		634 85 64198	3 81 76680	2,423 67
2me	1593 73	15	1,195 5 11		417 46 16362	2 86 32510	1,195 30
3me	1979 34	12	1,187 12 »		518 46 83196	2 29 6008	1,187 60
4me	2366 59	9	1,064 19 3		619 90 45846	1 71 79506	1,064 95
5me	831 19	7	290 18 3		217 72 19806	1 33 64738	290 90
6me	2617 67	5	654 8 4		685 67 24798	» 95 44170	654 42
7me	5726 10	4	1,145 4 4		1499 89 46340	» 76 35336	1,145 22
8me	1331 43	3	199 14 3		348 75 47420	» 57 26502	199 72
9me	2970 95	2	297 1 10		778 24 06430	» 38 17668	297 10
10me	5335 48	1	266 15 5		1397 57 56312	» 19 8834	266 75
	c. d. 27176 15	fr. s. 3 18	fr. s. d. 8,725 12 11		h. a. f. 7118 52 07708	fr. c. fract. 14 88 89052	fr. c. 8,725 63

Les experts de 1855 ont réduit les surfaces imposables aux charges de la dette de la manière suivante :

Ces réductions, calculées sur les bases posées par les auteurs du cadastre de 1683, ne peuvent plus permettre que de faire face à une dépense de 7,913 fr. 85 c., et nécessitent une augmentation de 10 fr. 2,577 pour 100 sur la cotisation fixée pour chaque classe par ce cadastre, pour représenter les 8,725 fr. 63 c. produits par cette cotisation.

CADASTRE dressé par les **Experts** de 1855 pour représenter celui de 1683.

N° 2

CLASSES.	SURFACES par classes en 1683.				RÉDUCTION des surfaces par classes en 1855.				SURFACES restantes au cadastre de 1855.				COTISATION en 1855 par hectare sur les bases de 1683.				IMPOT par classe en 1855.	
	hect.	ares	cent.	fract.	hect.	ares	cent.		hect.	ares	cent.		fr.	c.	fract.		francs	cent.
1re	634	85	61	198	9	84	92		625	»	69		3	81	77		2,386	09
2me	417	46	16	362	39	86	43		377	59	73		2	86	33		1,084	17
3me	513	46	33	196	30	65	69		487	81	14		2	29	06		1,117	38
4me	619	90	45	846	89	88	24		530	02	22		1	71	79		910	53
5me	217	72	19	806	2	12	27		215	59	93		1	33	62		288	08
6me	685	67	24	798	59	29	72		626	37	53		»	95	44		597	81
7me	1499	89	46	340	105	90	74		1393	93	72		»	76	35		1,064	31
8me	348	75	47	420	17	49	36		331	26	11		»	57	26		189	68
9me	778	21	06	430	106	60	98		671	60	08		»	38	18		256	42
10me	1397	57	56	312	1280	34	43		117	22	13		»	19	09		22	38
	7118	52	07	708	1742	03	708		5376	48	28		»	»	»		7,913	85

Répartition, sur les bases de 1683, en 1855, pour le paiement de 18,000 **fr.** de la dette.

N° 2²

Classes.	Surfaces en 1855.			Cotisation.			Impôt.	
	hect.	ares	cent.	fr.	c.	fract.	fr.	c.
1re	625	»	69	8	68	33	5,427	12
2me	377	59	73	6	51	25	2,449	10
3me	487	81	14	5	21	»	2,541	49
4me	530	02	22	3	90	75	2,071	06
5me	215	59	93	3	03	91	655	22
6me	626	37	53	2	17	08	1,359	75
7me	1393	98	72	1	73	66	2,420	79
8me	331	26	11	1	30	25	431	46
9me	671	60	08	»	86	83	583	15
10me	117	22	13	»	43	44	50	88
	5376	48	28	»	»	»	18,000	02

Cette répartition est identique avec celle que les experts de 1855 (*page 59 de leur rapport du 25 mars 1855*) ont appliquée à la répartition de la dette contractée par les anciens associés.

Cette identité est la conséquence du devoir imposé aux experts par l'article 5 du réglement d'administration publique du 31 juillet 1851, qui est, de répartir la dette d'après les bases anciennes. Ces bases anciennes ne pouvaient être autres que celle de l'intérêt à la confection et à la conservation des travaux qui faisaient naître cet intérêt.

Le cadastre de 1685 fut fait pour déterminer ce degré d'intérêt après que les œuvres de Wan-Ens, combinées avec les anciennes, eurent amélioré le dessèchement ; il est donc raisonnable de penser, avec les experts de 1855, que ce cadastre offre la base la plus sûre à suivre pour la répartition qui leur est demandée.

Mais le cadastre de 1683 n'avait pas été fait en vue seulement du paiement de la dette ancienne, son but essentiel était d'assurer la permanence du dessèchement, en faisant concourir à son entretien tous ceux qui en tiraient profit, et dans la proportion de ce profit.

S'il s'agit donc de déterminer le degré d'intérêt qu'avait, pour certains, l'entretien de l'œuvre telle que la confectionna Wan-Ens, c'est à ce cadastre, et aux transactions qui le complètent, qu'il faut exclusivement avoir recours.

L'expertise actuelle, est-elle appelée à fixer ce degré d'intérêt? et doit-elle le faire sans égard aux bases qui ont servi jusqu'en 1827 ? C'est-à-dire sans égard au cadastre de 1685 ?

Voilà les questions dont la solution justifiera, ou réfutera l'opinion qui a guidé la suite du travail des experts après la répartition de la dette.

L'article 2 du réglement de 1851 porte :

«Ladite œuvre continuera à former, comme par le passé, un seul tout » indivisible, et les dépenses de son entretien mises en commun, seront » réparties sur tous les intéressés, conformément aux accords faits entre les » parties et qui sont inscrits aux actes des 16 juillet 1642 et 4 janvier 1678, » au cadastre de 1683, et dans la délibération-contrat du 5 mars 1827. En » conséquence, la répartition des charges sera faite par une nouvelle expertise » générale, ayant pour but d'assigner à chaque parcelle une quote-part

» proportionnelle au bénéfice qu'elle a retiré et qu'elle continuera à retirer
» du dessèchement objet et fin de l'œuvre ; *ce qui s'effectuera en prenant pour*
» *base de l'avantage obtenu jusqu'en 1827, époque du traité avec l'État, les*
» *contrats de 1642 et 1678, ainsi que le cadastre de 1683*, et , pour base
» des améliorations postérieures, les résultats produits pour chacun par les
» ouvrages ajoutés à l'œuvre ancienne de Wan-Ens, et par les agrandisse-
» ments et perfectionnements des diverses parties de cette œuvre.

A l'appui de ces indications , l'article 52 ajoute :

» Il y aura une matrice de rôles générale et unique pour tout le corps de
» dessèchement , dans laquelle chaque interressé aura tout ce qui le concerne
» réuni dans un seul article détaillé, présentant les différentes parcelles
» qu'il possède dans chaque bassin , avec les cotisations afférentes à ces
» parcelles :
» 1° Pour l'entretien des ouvrages anciens ;
» 2° Pour l'entretien des ouvrages nouveaux;
» 3° Pour la dette.

Interprétant des termes si clairs, qui constituent leur mandat, MM. les
experts ont pensé et consigné dans leur rapport de 1855 :

» Que le cadastre de 1683 est , et doit être le régulateur de la dette , mais
» qu'il n'a et ne peut avoir d'autorité sur les autres questions qui se rattachent
» à l'expertise générale, et que le réglement serait plus qu'une énigme , s'il
» ne fallait pas le prendre dans le sens qu'ils l'expliquent (*page* 41).

Ils disent aussi, page 54 , (ce qui n'est pas moins erroné que ce qui
précède):

» La classification en ouvrages anciens et ouvrages nouveaux a peu d'in-
» térêt , les redevables étant assujétis à la même loi et ne payant point à
» raison du fonctionnement isolé de tel ou tel ouvrage , mais selon le degré
» d'intérêt qu'ils reçoivent de l'ensemble du dessèchement (*page* 55), Si
» certaines parties du périmètre profitent davantage des ouvrages anciens ;
» si d'autres se sont plus ressenties des bienfaits des ouvrages nouveaux,
» ni l'une ni l'autre de ces situations n'échappent aux charges qu'elles impli-
» quent, chaque parcelle étant classée conformément aux prescriptions de

2

» l'article 2 du réglement, d'après les résultats produits, soit par l'œuvre de
» Wan-Ens, soit par les agrandissements ou perfectionnements de cette
» œuvre. Après nous être expliqués sur le sens et la portée des classifications,
» nous devons ajouter que nous n'en avons pas moins pris à tâche de nous
» conformer à cette partie du réglement, nous avons consulté avec grand
» soin les documens qui nous étaient signalés par le réglement lui-même, à
» savoir, les deux tableaux dont il est parlé aux articles 63 et 65 du
» réglement.

» C'était là l'élément officiel de la distinction du dessèchenent en ouvrages
» anciens et ouvrages nouveaux.

» (Page 56) L'œuvre de Wan-Ens avait en quelque sorte cessé d'exister
» par un abandon total des quinze années auquel avait succédé un simulacre
» d'entretien. C'est le traité de 1827 qui la renouvelle et qui en ranime les
» débris : les anciens ouvrages reparaissent, mais tous modifiés par la nou-
» velle combinaison ; ceux-mêmes dont on ne change pas les dimensions
» reçoivent un degré de perfectionnement qui leur était inconnu et deviennent
» en quelque sorte des ouvrages nouveaux par leur mise en rapport avec le
» canal de navigation : n'y a-t-il pas lieu de tenir grand compte de cette
» considération , et ne serait-ce pas abuser des mots, que de qualifier d'une
» manière absolue du nom d'ouvrages anciens des instruments améliorés à
» ce point par le dessèchement de 1827.

» En fait d'ouvrages anciens qui conservent réellement ce caractère ,
» c'est-à-dire qui continuent à fonctionner absolument comme dans l'ancien
» système de dessèchement, nous n'en voyons qu'un, c'est le Vigneirat ;
» pour tous les autres, il y a régénération et perfectionnement , quand il
» n'y a pas modification matérielle. Si l'élément ancien reste, la présence
» de l'élément nouveau n'est pas moins certaine ; et, puisque le réglement
» ordonne la distinction , il convient, pour être exact, de faire la part à
» l'un et à l'autre de ces éléments pour chaque canal.... (Page 57).

» En partant de ces données et en les combinant avec celles que nous
» fournissent les deux tableaux dont nous avons parlé plus haut , nous esti-
» mons que l'entretien des ouvrages anciens doit figurer dans le budget de
» l'association, abstraction faite de la dette, pour les deux tiers de la
» dépense , et les ouvrages nouveaux pour le tiers restant. »

L'incohérence avec ce qui a été fait, l'oubli des traités expressément maintenus par le contrat de 1827 et le règlement de 1851, et la confusion qui est faite de l'application de la dépense aux travaux, avec la répartition de cette dépense entre les intéressés à ces travaux, qui résultent de ces diverses opinions, ne peuvent laisser échapper l'évidence du but des experts de se soustraire à l'exécution du règlement qui les soumet à la distinction des deux intérêts, l'un, déjà réglé par les traités et le cadastre ancien, qui doit comprendre tous les anciens incorporés régulièrement maintenus ; l'autre, à déterminer par eux, selon les avantages accrus ou nouveaux qui résultent pour les enclavés à l'ancien périmètre, ou pour tous autres en dehors de ce périmètre, des nouveaux travaux et du maintien et perfectionnement des anciens ; dans lequel intérêt ne doivent nécessairement pas figurer ceux des anciens incorporés qui, par la situation que leur a faite l'ouverture du canal de navigation, ou par l'élévation naturelle de leur sol, ne doivent point éprouver de bénéfice de ces nouveaux travaux ou perfectionnements.

Le but des experts est évident, mais la cause est moins sensible ; car on comprend difficilement comment ceux qui présentent l'application du cadastre de 1683 au parcellaire actuel pour guider équitablement la répartition de la dette, ne considèrent pas cette application comme bonne à déterminer l'intérêt aux anciens travaux, intérêt qui leur est demandé d'après ce cadastre fait presque exclusivement à cette fin : on comprend difficilement aussi comment il leur échappe que, cette application d'un fait hors de leur portée une fois faite, l'intérêt du moment, qui leur est sensible, leur serait d'une appréciation bien plus facile.

Ce que nous comprenons difficilement encore, c'est que, sachant bien que les anciens incorporés qui, n'ayant aucun intérêt aux nouveaux travaux, ne doivent pas moins contribuer aux anciens, et sur les bases posées par les contrats qu'ils ont exécutés durant deux siècles, ils n'aient pas senti la nécessité de la conservation des bases d'impôt données par ces traités, ou par le cadastre de 1683 qui en est le corollaire ; et, par suite, qu'il leur ait échappé, que s'il était juste que ceux-ci fussent maintenus dans le chiffre qu'ils n'invoqueraient pas aujourd'hui en vain s'ils étaient soumis à une répartition autre , il ne devenait pas moins équitable que cette conservation eût lieu à l'égard de ceux qui , à leur première charge , devaient ajouter celle résultant des bénéfices dus aux nouveaux travaux.

—

Quelle que fût la pensée des experts , voici ce qu'il en est résulté pour la répartition des 8,000 fr. (sur 12,000 fr.) attribués aux anciens travaux , selon le tableau ci-après , copié à la page 60 de leur rapport.

1° Pour les Ouvrages anciens :

Deux tiers aux anciens propriétaires.......... **8,000** fr.

N° 3

CLASSES.	CONTENANCE PAR CLASSES.			MARC LE FRANC PAR HECTARES.			PRODUIT PAR CLASSES.	
	hectares	ares	cent.	fr.	cent.	fractions	francs	cent.
1re	295	13	17	3	8	14900	909	44
2me	421	67	6	2	31	11175	974	53
3me	1151	21	80	1	84	88940	2,128	48
4me	1272	94	88	1	38	66705	1,765	16
5me	1379	45	20	1	07	85215	1,487	77
6me	432	65	74	»	77	3725	333	31
7me	555	45	49	»	61	62980	342	32
8me	32	72	55	»	46	22235	15	13
9me	4	41	58	»	30	81490	1	36
10me	275	85	86	»	15	40745	42	50
	5821	53	33				8,000	»

Cette répartition , dont le chiffre s'applique à 5,821 hect. en nombre rond , est évidemment une nouvelle modification au cadastre de 1683 , qui, après avoir été réduit de 7,118 hect. à 5,376 par des motifs que la commission doit apprécier , serait augmenté de 441 hect. si, comme on l'indique , il ne s'agissait que des anciens propriétaires.

Cette augmentation peut résulter de l'adjonction des nouveaux incorporés, mais pour que ce fût ainsi, il faudrait qu'elle fût de 542 hectares, ce qui porterait le chiffre des imposés à 5,918 hect. , à moins que, comme il y a lieu de le penser, d'après ce qu'ils disent à la page 42 de leur rapport, les experts, en opérant cette adjonction des nouveaux incorporés, eussent fait monter les retranchements opérés en faveur de la commune de Fon-vieille à 97 hect. , qui est le chiffre à distraire de celui de 5,918, pour revenir à celui de 5,821 hect.

Mais cette supposition, très-raisonnable d'ailleurs, n'est pas admissible, parce qu'il ne l'est pas de croire que 422 hect., qui font partie des 542 nouveaux incorporés, n'ayant qu'un intérêt de 8°, 9° et 10° classe pour l'ensemble des travaux anciens et nouveaux, doivent payer dans des classes supérieures, quand il s'agit des anciens travaux auxquels ils furent toujours étrangers, ce qui aurait lieu si l'on prétendait que les 312 hect. de ces trois classes que présente la répartition ci-dessus ne comprennent qu'en partie les 422 nouvellement incorporés.

MM. les experts feront sans doute cesser ces incertitudes, que la commission aura considérées d'avance comme une insuffisance de clarté dans leur œuvre.

Les explications qui suivent les tableaux ci-après feront ressortir les perturbations que la répartition ci-dessus a portées dans les intérêts ou les obligations des anciens associés, desquels on a eu pour but de conserver l'intégrité.

TABLEAU présentant les nouvelles classifications appliquées par l'état de répartition ci-dessus, aux terrains maintenus au cadastre de 1683, et à ceux nouvellement incorporés, pour le paiement de l'entretien des anciens travaux (les surfaces sont données en nombres entiers).

N° 4

CLASSES.	SURFACE par classes des terrains compris aux Cadastre 1683. (h.)	SURFACE nouveaux incorporés. (h.)	TOTAUX par CLASSES. (h.)	1re CLASSE Surf. 295 h. Class. 3,81.	2me CLASSE Surf. 421 h. Class. 2,86.	3me CLASSE Surf. 1151 h. Class. 2.29.	4me CLASSE Surf. 1272 h. Class. 4.71.	5me CLASSE Surf. 1379 h. Class. 1.33.	6me CLASSE Surf. 432 h. Class. 0.95.	7me CLASSE Surf. 555 h. Class. 0.75.	8me CLASSE Surf. 32 h. Class. 0.57.	9me CLASSE Surf. 4 h. Class. 0.38.	10e CLASSE Surf. 275 h. Class. 0,19.
				Surfaces et marc-le-franc des classes du Cadastre de 1855 auxquelles sont passées celles ci-contre									
1re	625	6	634	295	336	»	»	»	»	»	»	»	»
2me	377	4	384	»	85	296	»	»	»	»	»	»	»
3me	487	6	493	»	»	493	»	»	»	»	»	»	»
4me	530	49	579	»	»	362	217	»	»	»	»	»	»
5me	245	»	245	»	»	»	215	»	»	»	»	»	»
6me	626	12	638	»	»	»	638	»	»	»	»	»	»
7me	1393	39	1432	»	»	»	202	1230	»	»	»	»	»
8me	334	63	394	»	»	»	»	149	245	»	»	»	»
9me	674	56	727	»	»	»	»	»	187	540	»	»	»
10me	447	302	449	»	»	»	»	»	»	45	32	4	275
	5372	537	5909	295	421	1151	1272	1379	432	555	32	4	275
	5376,48,26	543,23,48	5918,71,76										

Résultat avec les fractions :

TOTAL : 5816, qui représentent avec les fractions.. 5824.53.33

Complément représentant un retranchement des terrains supérieurs remplacés par ceux de la 10e classe...... 97.18.43

5918.71.76

Ce tableau indique toutes les altérations que les experts ont fait subir aux classements de 1683, et même aux leurs pour les nouveaux incorporés.

Ainsi la première classe qui, avec les adjonctions, était, après les retranchements, de 631 hect., a été réduite à 295 et le complément, nous le supposons ainsi pour éviter d'être taxé d'exagération, est passé à la deuxième ; c'est-à-dire que 336 hect. ont été jugés en 1855 avoir été surtaxés en 1683 de la différence qu'il y a de 3 fr. 81 c. à 2 fr. 86 c., ou d'un quart, relativement à leur intérêt à l'entretien des travaux de dessèchement de cette époque. C'est-à-dire aussi, que ces mêmes 295 hect. maintenus (s'ils appartenaient à la première classe qui avait été le plus complètement possible améliorés ou complètement desséchés, et semblaient n'avoir que des chances fort rares de dépréciation par submersion) ont aussi, comme nous le verrons bientôt, été classés au premier rang de ceux qui, profitant le plus des effets des nouveaux travaux, ont le plus grand intérêt à leur conservation, et doivent être surchargés d'un impôt calculé sur un nouvel intérêt de 1 fr. 50 c. 23 par hectare. Est-ce de l'équité ? La commission appréciera !

Ce système de déclassement par progression descendante ne se continue que pour la seconde classe dont 296 hect. passent à la 3me classe : il prend bientôt une marche ascendante, qui porte, 362 hect. de la 4me à la 3me; 215 hect. de la 5me à la 4me; 638 hect. de la 6me à la 4me. 202 hect. de la 7me à la 4me; 1230 hect. de la 7me à la 5me; 149 hect. de la 8me à la 5me; 245 hect. de la 8me à la 6me ; 187 hect. de la 9me à la 6me ; 549 hect. de la 9me à la 7me; et d'après lequel, sur 419 hect. qui composent la 10me classe, 275 hect. seulement restent dans cette classe quand le complément est passé dans les classes supérieures, avec les 119 hect. des 8me et 9me classes qui font partie des nouveaux incorporés taxés par eux, et devant contribuer selon l'intérêt représenté par les chiffres de ces trois dernières classes qui sont de 57, 38 et 19 centimes par hectare, tant pour les anciens que pour les nouveaux travaux.

La commission se demandera, sans doute, quelle est la cause qui a porté les experts à ne tenir aucun compte dans la répartition qui nous occupe des classements qu'ils avaient assignés aux nouveaux incorporés ; et, surtout, s'il lui paraît bien évident que des nouveaux incorporés qui n'ont qu'un intérêt de 10me classe aux nouveaux travaux puissent en avoir un quelconque aux anciens; lorsqu'il est à-peu-près certain que ceux-ci les avaient laissés à l'état d'étang.

L'opinion qu'elle se formera à ce sujet l'éclairera certainement sur le degré de mérite qu'elle doit accorder à l'œuvre des experts, et la préparera aux conséquences que doivent produire les exemples qui vont suivre.

—

Le tableau ci-après, copié du rapport, présente la répartition du tiers de la dépense d'entretien des anciens travaux mis à la charge des dessiccateurs par les traités.

3° **Pour les ouvrages anciens :**

Un tiers aux dessiccateurs............ **4,000** fr.

N° 5

CLASSES.	CONTENANCE PAR CLASSES.			MARC LE FRANC PAR HECTARES.			PRODUIT PAR CLASSES.	
	hectares	ares	cent.	fr.	cent.	fractions	francs	cent.
1re	854	40	49	2	86	47 500	2,445	9
2me	406	4	38	2	14	63 125	871	50
3me	203	7	42	1	71	70 500	348	69
4me	23	38	63	1	28	77 875	30	12
5me	10	77	»	1	»	16 125	10	77
6me	410	67	86	»	71	54 375	293	83
	1908	35	78				4,000	»

Nous devons faire observer à la commission, que les 1908 hect. 35 ares 70 cent., sur lesquels sont répartis le tiers de l'entretien des ouvrages anciens mis à la charge des dessiccateurs, ne représentent pas l'entière surface des biens attribués à ceux-ci par l'application qu'en ont faite les auteurs de cette répartition sur leur livre intitulé : cadastre de 1683.

A ce livre cette surface est portée pour 1924 hect. 90 ares 18 cent., et sur le livre dit cadastre de 1855, où en est renouvelé le détail, elle n'est plus que de 1908 hect. 35 ares 78 cent., par l'effet de la défalcation de 10 hect. 26 ares 10 cent. faisant partie de la commune de Fontvieille; de 2 hect. 85 ares 86 cent. de la section AD et de 3 hect. 42 ares 54 cent. de la section AE de la commune d'Arles.

MM. les experts n'ayant point signalé ni motivé ces retranchements, la commission sentira le besoin d'être éclairée pour être à même de délibérer sur leur mérite.

Du fait de la possession à titre de dessiccateurs, résulte rigoureusement pour ies biens possédés la certitude qu'ils furent complètement desséchés : on ne peut induire de là, sans doute, que la sécurité de ce dessèchement fût égale pour tous, ni que l'uniformité de leur niveau ne permît d'autre différence pour leur classement que celle résultant de la variation de la nature de leur sol ; mais, si le dessèchement n'avait pas le même degré de sécurité pour tous ; il est difficile à comprendre que la variation de ce degré fût telle, qu'il y eût des surfaces dont l'intérêt au maintien du dessèchement pût être réduit à la contribution de 6me classe, laquelle ne doit représenter qu'un dessèchement momentané et incertain ; qui ne donna certainement pas droit à la cession des deux tiers, que motivait un dessèchement complet.

Il nous semble ressortir de cela, que la répartition est faite sur un **trop grand morcellement**, surtout en mettant en considération le retranchement déjà fait de 16 hect., que nous croyons représenter les fonds qui par leur nature sont les moins propres à profiter d'un dessèchement.

Les observations suivantes, émises pour appuyer cette opinion de trop grand morcellement, le sont aussi dans le but d'appuyer celle que, tout retranchement fait à la consistance des possessions des dessiccateurs, contribuables aux vuidanges en vertu de leurs contrats organiques, sont contraires au mandat des experts.

En effet, il ne peut être admis que le réglement, qui porte ce mandat, ait voulu que les contrats qui lient entr'eux les dessiccateurs pour la répartition de leurs charges aux vuidanges, eussent moins de puissance qu'il n'en a accordé aux contrats de même nature qui lient les possesseurs des biens desséchés ; qu'ainsi , lorsque ce réglement dit que les parcelles provenant des dessiccateurs , successeurs de Wan-Ens, feront partie de l'expertise générale et seront cotisés en raison de leurs intérêts et de leurs droits , conformément aux bases désignées au premier paragraphe de son article 2 , il n'entend pas plus que les traités, qui règlent la quote-part des parcelles des dessiccateurs à la contribution aux anciens travaux, ne soient pas la base actuelle de cette cotisation dont il a maintenu la distinction , qu'il ne l'a entendu quand il s'est agi des traités et du cadastre de 1683 , lequel , comme le partage de 1653 entre les dessiccateurs , est la conséquence et le corollaire de ces traités entre les possesseurs des parcelles desséchées.

Si la distinction en travaux nouveaux et travaux anciens n'avait pas été faite par ce réglement après avoir considéré le corps de dessèchement comme maintenu et seulement modifié par les contrats de 1827 et 1829 , on pourrait croire, avec les experts, que c'est la loi de floréal an II qui doit régler leur classification , le dessèchement étant considéré comme une œuvre nouvelle , on pourrait croire aussi que ce sont les apparences actuelles qui doivent indiquer le degré d'intérêt ; mais cette distinction est faite , et l'on ne saurait vouloir induire des conditions qui l'appuient que son but soit de donner à la loi la puissance qu'elle n'a pas , celle d'annuler des contrats privés , étrangers aux intérêts publics qu'elle est seule appelée à régir.

Et puisque cette distinction d'anciens et de nouveaux travaux est faite , puisque les bases de la répartition des charges , afférentes aux premiers , doivent être fournies par les traités et cadastres anciens , tant pour les desséchés que pour les dessiccateurs , l'expertise actuelle n'a et ne peut avoir pour but , en delà de l'application de ces traités , que la répartition , selon la loi de floréal an II , des charges résultant des modifications nouvelles , en faisant peser ces charges sur ceux-là seuls qui profitent de ces modifications et dans la proportion de ce profit.

Si , moins imbus d'une opinion contraire , MM. les experts de 1855 avaient prêté toute leur attention à l'acte de 1653 , sur lequel ils se sont appuyés pour porter à 1,908 hectares la surface désemparée aux dessiccateurs , que les procès-verbaux de 1645 et 1646 ne portaient qu'à 1,667 hect., ils auraient reconnu que, dans ce partage, ceux-ci ne firent nulle distinction par classes d'intérêt, qu'ils se bornèrent à former les lots, autant que possible, en qualités de terrains égales, et satisfirent aux paiements des travaux d'entretien des canaux par l'emploi des revenus communs, tels que ceux des pêcheries, de la navigation et des herbages du vigueirat et de ses digues, et autres. Et s'ils avaient poursuivi leurs investigations sur les actes postérieurs à ce premier partage, ils se seraient assurés, nous avons tout lieu de le croire, par une application à laquelle nous avons concouru, que le même système n'a pas cessé d'être suivi, et que la charge des impôts fut toujours distribuée en raison des surfaces possédées.

Cette connaissance, appliquée à l'interprétation de leur mandat qu'ils ont repoussée, aurait profondément modifié leur procédé ; car alors la quote-part de chaque hectare, dérivant de la succession de Wan-Ens, aurait été le quotient de la division de la somme représentant le tiers de la dépense d'entretien des anciens travaux mis à la charge de cette succession, par le nombre d'hectares formant l'ensemble des biens désemparés ; et nulle perturbation n'aurait été portée aux stipulations des actes d'aliénation ou de partage qui régissent aujourd'hui la possession de ces biens en ne faisant aucune réduction de leur chiffre original.

La commission jugera donc convenable d'apprécier si, dans cette circonstance particulière aux dessiccateurs comme dans celle où il s'agissait de l'application du cadastre de 1683, exclusif aux terrains desséchés, les experts ont exécuté leur mandat, 1° en ne tenant aucun compte ni des traités anciens, ni de la stipulation de ce mandat qui laisse à ces traités leur caractère d'actes privés, en conservant à chacun les droits ou charges qui en résultent ; 2° en fixant aujourd'hui des intérêts remontant à des siècles, qui furent appréciés dans des temps opportuns, et en les fixant malgré les perturbations qu'ont produites sur les fonds qui les constituèrent de nombreuses irruptions d'un fleuve, ou les œuvres de leurs détenteurs faites dans le but de les défendre contre des chances qui ne peuvent plus être sensibles, ou encore pour en obtenir de plus grands et de meilleurs produits.

Des objections non moins importantes doivent être adressées à l'application du classement de l'intérêt au maintien des anciens travaux, faite à celui de l'intérêt aux nouveaux, ce qui revient à établir que, dans l'un et l'autre cas, les dessiccateurs doivent contribuer pour le tiers de la dépense.

Cette fin est-elle celle vers laquelle tendaient les dessiccateurs et, de leur côté, les associés, lorsque dans la délibération de 1827 devenue contrat, les uns proposaient, les autres acceptaient, dans des vues de conciliation, que l'état d'alors, qui n'était autre que celui reproduit aujourd'hui, cessât, et qu'à l'avenir tous contribuassent à l'entretien des nouveaux travaux dans la proportion des bénéfices qu'ils devaient en retirer ?

Etait-ce bien le but vers lequel devaient tendre les experts? et devaient-ils appuyer leur travail du mérite de l'avoir atteint, *en se fondant sur la connexion des proportions de l'impôt avec celles des surfaces*, lorsque le chiffre de l'impôt ne peut ressortir que de celui de l'intérêt, quelle que soit la surface ?

En 1827, les dessiccateurs avaient une position qu'ils ne pouvaient ignorer;

Le cadastre de 1683 faisait contribuer au paiement des anciens travaux 7118 hect., dont la cotisation par classes représentait 8,725 fr.

Quand cette cotisation, qui représentait les deux tiers de la dépense totale, était demandée, leur quote-part était de 4,362 fr. 50 c.

Si, au lieu d'être taxés au tiers, ils avaient été incorporés au cadastre, il y a lieu de croire, leur fond complètement desséché étant de nature à être classé au premier degré d'intérêt, que leur marc-le-franc aurait été de 3 fr. 8177 par hectare, ou leur quote-part, en supposant, comme on le fait aujourd'hui, que la surface de leurs possessions fût de 1900 hect., aurait été de 7,253 fr., c'est-à-dire, que 2,591 fr. seraient venus en réduction des charges de la masse des contribuables.

Et si, pour prévenir l'accusation d'exagération d'un tel résultat, on suppose leur fond, classé 1/3 au 1er degré, 1/3 au 2me, et un 1/3 au 3me, ou à 3 fr. 8177, 2 fr. 8633, et 2 fr. 2906, soit à 2 fr. 990533, moyennant leur quote-part, sera encore de 5,682 fr., c'est-à-dire onéreuse pour eux et en faveur de la masse de 1,320 fr.

Ce qui explique leur persistance à maintenir la puissance de leurs traités pour les anciens travaux, et démontre que ces traités constituent une faveur et *non une surtaxe pour eux*.

Il est évident que tant que ces classements seraient maintenus, la cotisation par hectare étant la même pour les anciens et les nouveaux travaux, l'incorporation des dessiccateurs au cadastre commun aurait pour eux une défaveur proportionnelle à celle ci-dessus, quelle que fût la somme à payer dans les deux cas.

Mais, est-il possible d'admettre : que des terrains qui ont obtenu un dessèchement complet des travaux anciens, puissent n'avoir à la conservation de ces travaux que l'intérêt qu'ils ont à celle de travaux nouveaux, qui ne doivent ajouter à leur état acquis qu'un certain degré de sécurité contre des éventualités de dommages qui ne permirent leur désemparation que parce qu'elles n'avaient rien de contraire à leur état de parfait dessèchement ?

En résumé, est-il possible qu'il soit vrai, que la défense, produite en faveur des dessiccateurs contre des éventualités, puisse être jugée aussi importante pour eux que doit l'être pour d'autres la transformation de l'état de prés palustres, ou marais, en terrains desséchés et arables, et, que dans les deux cas, les intérêts puissent être identiques pour la conservation des causes qui les produisent ?

Le contraire avait nécessairement été compris par les contractants de 1827, il devait donc résulter de ce contrat une concession faite aux dessiccateurs, et non un sacrifice fait par eux : et ce ne peut être que par une appréciation erronée que ce résultat n'a lieu d'aucun côté dans le travail des experts.

Nous en avons montré la cause pour les travaux anciens.

Pour les nouveaux, l'erreur d'appréciation consiste évidemment à maintenir pour eux la même classification que pour les premiers, car si cette erreur n'était point commise, et que la classification fût faite équitablement, les résultats ne pourraient être qu'inverses.

Voici comment on en obtient la démonstration :

Admettant la division ci-dessus indiquée, des 1900 hect. possédés par les dessiccateurs, portés par égales parts dans les trois premières classes du cadastre de 1683, ce qui leur attribue un impôt moyen de 2 fr. 99 c. 0533 par hectare, si l'on suppose que leur intérêt au maintien des nouveaux travaux les fait descendre aux trois classes suivantes, leur cotisation sera :

1/3 4me classe 1 fr. 71.79 ⎫
1/3 5me id. 1 fr. 33.62 ⎬ ou 4 fr. 00.85 dont le 1/3 est 1 fr. 33.61.66
1/3 6me id. 0 fr. 95.44 ⎭ par hect. ou pour les 1900 hect. 2,538 f. 71.

Et s'il s'agit, comme dans le cas qui précède, du paiement de la quote entière, dont le tiers à leur charge est de 4,362 fr. 50 c., ils auront à payer en moins de ce tiers 1,823 fr. 79 c. qui devront être répartis sur la masse.

Pour corroborer cette démonstration on peut en faire l'application à la répartition de 6,000 fr. (dépense totale des nouveaux travaux) faite par le tableau ci-après copié du rapport de 1855, mais en maintenant l'hypothèse que les 1908 hect. des dessiccateurs ne sont classés que par tiers dans les 4me 5me et 6me classes ; d'après ce tableau réduit sur les bases posées par le cadastre de 1683.

La 4me classe paie 0 fr. 67.60.35 ⎫ ou 1 fr. 57.73.15 dont le 1/3 est ,
la 5me id. id. 0 52.58.05 ⎬ 0.52.57, 7166, par hect., et pour
la 6me id. id. 0 37.55.75 ⎭ 1,908 hect. 1,031 fr. 17 c.

Leur quote-part des 6,000 fr., selon leur traité, aurait été de 2,000 fr., ils ont donc une faveur de prix de 50 p. 0/0. Et cette faveur augmenterait sensiblement, si l'on supposait avec les experts de 1855, que dans les 1900 hect. il en est qui auraient été classés aux 4me 5me et 6me degrés d'intérêt aux ouvrages anciens pour cause de la nature de leur sol , leur dessèchement étant complet ; car alors , ou les nouveaux ouvrages seraient sans influence sur eux et il faudrait les exonérer, ou leur influence serait d'un intérêt moindre et il faudrait les descendre de classe.

Ces objections qui s'appliquent, comme il y aura lieu de le reconnaître, à l'œuvre entière des experts, ne feront nécessairement pas moins sentir que les précédentes, que la commission a une sérieuse attention à porter aux procédés de classification employés à l'égard des dessiccateurs et de tous autres.

TABLEAU de **répartition** *entre tous les intéressés, sans distinction, de la dépense applicable aux ouvrages nouveaux, représentant le tiers de celle nécessitée par l'ensemble des travaux de dessèchement anciens et nouveaux,* (copié de la page 61 du rapport de 1855).

4° **Pour les ouvrages nouveaux :**

Tous les intéressés, sans distinction.... **6,000** fr.

N° 6

CLASSES.	CONTENANCE PAR CLASSES.			MARC LE FRANC PAR HECTARES.			PRODUIT PAR CLASSES.	
	hectares	ares	cent.	fr.	cent.	fractions	francs	cent.
1ʳᵉ	1149	53	66	1	50	23 00	1,726	95
2ᵐᵉ	827	71	44	1	12	67 25	932	60
3ᵐᵉ	1354	29	32	»	90	13 80	1,220	73
4ᵐᵉ	1296	33	51	»	67	60 35	876	37
5ᵐᵉ	1390	22	20	»	52	58 05	730	98
6ᵐᵉ	843	33	60	»	37	55 72	316	73
7ᵐᵉ	555	45	49	»	30	4 60	166	89
8ᵐᵉ	32	72	55	»	22	53 45	7	37
9ᵐᵉ	4	41	58	»	15	2 30	»	66
10ᵐᵉ	273	85	86	»	7	51 15	20	72
	7729	89	11				6,000	»

Tous les associés, anciens incorporés et dessiccateurs, représentent, pour la répartition des travaux à partir de 1855, 7,729 hect. 89 ares 11 cent., ce qui est conforme au livre intitulé Cadastre de 1855, joint au rapport.

Le cadastre de 1685 pour la même répartition, sans y comprendre les dessiccateurs, en présentait 7118   52   07

Le relevé des biens de ces derniers, fait par les experts de 1855 sur le livre dit Cadastre de 1685, pour le paiement de la dette, les porte à 1924   90   18

Les adjonctions faites par les mêmes experts de 1855, sous le nom d'incorporés, sont de 542   23   48

9585   65   73

L'ensemble des imposés devait être de 9585 hect. 65 ares 73 cent.

Le livre intitulé Cadastre de 1683 par les experts de 1855 ne porte plus la surface possédée par les propriétaires maintenus à ce premier cadastre pour le paiement de la dette, qu'à.... 5376 48 28

Les dessiccateurs y figurent pour.... 1924 90 18   7843 61 94

Les incorporés étant ajoutés à ces surfaces pour...................... 542 23 48

Les biens des contribuables n'ont plus qu'une surface de 7843 hect. 61 ares 94 cent.

Le livre intitulé Cadastre de 1683, complété par l'adjonction des terres des dessiccateurs et des terres nouvellement incorporées, réduit cette surface à.....   »   »   » 7815 75 44

Enfin, le cadastre de 1855 pour former son chiffre de 7,729 hect. 89 ares 11 centiares, porte les biens dérivant du cadastre de 1683 à......................5279 29 85

Ceux des dessiccateurs à....1908 35 78 7729 89 11

Et ceux des incorporés à.... 542 23 48

Il résulte de ces divers changements que, sur le cadastre de 1683, il a été fait deux réductions.

L'une pour la dette de.............1742 03 79

L'autre pour les nouveaux et anciens travaux en sus de la première qui pèse aussi sur ces travaux...........   1839 22 22

97 18 43

Que des biens des dessiccateurs, il a été réduit............... 16 54 40

1855 76 62

9585 65 73

Ce qui représente le chiffre de 1683, 9,585 hect. 65 ares 73 cent.

Ces réductions, dont le mérite ne peut être apprécié par la commission qu'après des recherches que lui en signaleront l'application parcellaire qu'elle devait trouver écrite sur le cadastre de 1855, selon ce qui est dit à la page 55 du rapport des experts, ne sont pas les seules, si elles sont régulièrement opérées, qui dussent être faites sur le chiffre des biens intéressés à la conservation des travaux de Wan-Ens, quand on eut à classer les intérêts à la conservation de ceux qui constituent les modifications et perfectionnements de ceux-ci.

La commission spéciale a signalé comme devant être exonérés de la charge d'entretien de ces œuvres nouvelles toute la partie du périmètre ancien que le canal de navigation d'Arles à Bouc a isolée, et mise en dehors de l'influence des anciens et nouveaux travaux de dessèchement, ce canal étant devenu le seul agent de sa dessiccation.

Les experts, en faisant droit à cette décision, ont ajouté, à l'exonération qu'elle imposait, celle des parcelles du haut Trébon qu'ils avaient cotées au cadastre de 1685 à la 7ᵉ classe, et auxquelles ils avaient laissé cette cotisation à celui de 1855 pour les nouveaux travaux.

Ces retranchements sont faits par eux, en bâtonnant à l'encre rouge les parcelles qui doivent en faire partie, sans qu'aucun changement soit opéré sur le résultat présenté par le cadastre de 1855 où elles figurent ; sans dire l'ensemble des surfaces qu'elles représentent, sans faire aucune application aux classes auxquelles elles appartiennent, et sans signaler les variations que leur exonération doit produire sur les conséquences qu'ils avaient déduites des procédés où elles figuraient.

La commission aura à se rendre compte du mérite de tous ces retranchements et du mode employé pour les opérer, mais aussi à apprécier les causes qui ont pu porter les experts à exonérer, sans nouvelle vérification des lieux, une surface de 465 hectares qu'ils avaient d'abord jugée n'avoir pas même le mérite de faire diminuer ses intérêts, quand ils le pouvaient, en la descendant dans l'une des trois classes inférieures à la septième où ils la maintenaient, et quand ils mettaient à son niveau des terrains de deux classes supérieures.

4

Les retranchements opérés d'après la décision de la commission dans le plan du bourg, s'élèvent à 1343 hect. 89 ares 28 cent., dans lesquels figurent 60 hect. 33 ares 22 cent., des propriétés des dessiccateurs.

Ceux du haut Trébon faits par les experts sont de 465 hect. 54 ares 94 cent., ce qui forme un total de 1809 hect. 45 ares 22 cent., qui réduit les contribuables aux nouveaux travaux à 5920 hect. 43 ares 89 cent., et la contribution représentée par leur classement sur les bases de 1683 adoptées par les experts de 1855, à 12,888 fr. 46 c. chiffre qui devient le type de la quote, sur lequel on établit la proportion des charges annuelles, ainsi que l'indique le tableau ci-après :

N° 7

CLASSES.	SURFACE portée AU TABLEAU CI-DESSUS par classes.			RETRANCHEMENTS par CLASSES.			SURFACE RESTANTE après le retranchement.			COTISATION PAR CLASSES sur les bases de 1683.			PRODUIT PAR CLASSES sur les bases de 1683.		COTISATION par classes pour la RÉPARTITION DE 6,000 f. donnant 461.55 c., 31 p. °/° du type de 1683.			PRODUIT PAR CLASSES pour la répartition de 6,000 fr.	
	hectares	ares	cent.	hectares	ares	cent.	hectares	ares	cent.	fr.	cent.	fract.	francs	cent.	fr.	cent.	fraction	fr.	cent.
1re	1149	53	66	»	»	»	1149	53	66	3	81	77	4,388	78	1	77	72 00	2,042	93
2me	827	71	44	7	55	94	820	16	44	2	86	33	2,348	37	1	33	29 00	1,093	49
3me	1354	29	22	199	89	43	1154	39	31	2	29	6	2,644	25	1	6	63 20	1,230	95
4me	1296	33	54	382	74	92	943	59	8	1	71	79	1,569	45	»	79	98 40	730	72
5me	1390	22	20	416	82	63	973	39	28	1	33	62	1,300	64	»	62	24 08	605	55
6me	843	33	60	278	2	4	565	30	97	»	95	44	539	53	»	44	43 60	251	20
7me	535	45	49	522	16	»	33	29	45	»	76	35	25	42	»	35	54 88	11	83
8me	32	72	53	»	»	29	32	72	53	»	57	26	18	73	»	26	66 16	8	72
9me	4	44	58	2	24	»	2	17	29	»	38	48	»	83	»	17	77 44	»	38
10me	275	85	86	»	»	»	275	83	86	»	19	9	52	66	»	8	88 74	24	53
	7729	89	11	1809	45	22	5920	43	89				12,888	46				6,000	»

La comparaison des cotisations par classes après et avant les retranchements que permettent de faire les tableaux ci-dessus, démontre que ces retranchements ont imposé aux contribuables maintenus une augmentation d'impôt de 18 fr. 34 c. 24 dix-millième par cent francs.

Cette comparaison démontre aussi, en ce qui concerne les dessiccateurs, que bien loin de payer 2,000 fr. sur 6,000, comme l'avaient combiné par leurs classements les experts, ils en paieraient, si ces classements étaient maintenus, malgré la défalcation de 60 hect. 33 ares 34 cent. qui a été faite, 2,422 fr. 90 cent., ce qui résulte du décompte suivant :

	hect. ares cent.	fr.		fr.	c.	
1re classe	834 40 49	à 1 77.72	paient	1,518	44	
2me id.	406 04 38	à 1 33.29	id.	541	21	hect. ares cent.
3me id.	156 93 00	à 1 06.632	id.	167	33 il a été déduit	46 14 42.
4me id.	9 19 71	à 0 79.984	id.	6	74 id.	14 18 92.
5me id.	10 77 00	à 0 62.2108	id.	6	70	
6me id.	410 67 86	à 0 44.436	id.	182	48	
	1848 02 44			2422	90	

Jusqu'ici, l'étude des résultats offerts par le rapport des experts a été faite selon l'esprit des procédés suivis, et nullement avec la préoccupation que l'application de ces procédés et les conséquences qui en étaient déduites ne reposaient pas sur l'identité des surfaces et des classements portés aux divers livres qui appuient ce rapport, et d'après lesquels les répartitions devaient être faites.

Cette quiétude, dont la commission appréciera les motifs, a dû cesser devant le contrôle qui a été appliqué au rapport et aux livres entr'eux.

Les incohérences nombreuses de ces documents n'auraient point échappé à leur mise en regard qu'aurait produit un dépouillement complet, mais, après tout ce qui précède, ce dépouillement n'aurait absorbé qu'un temps précieux, en n'ajoutant qu'un plus grand degré de conviction des irrégularités dont produit la preuve la comparaison des deux premières classes d'intérêt, dans lesquelles figurent les plus importantes répartitions.

Cette comparaison des deux premières classes est faite sur les deux annexes au présent rapport :

La première annexe s'applique aux terrains desséchés ;

La seconde est relative aux propriétés des dessiccateurs.

Il résulte de la première, quant aux indications qui ont servi de base aux calculs produits par le rapport :

1° Que le nombre d'hectares de première classe, que le rapport dit être de 294 hect. 13 ares, est porté sur le cadastre 1855 à 327 hect. 31 cent. 25;

2° Que la seconde classe présentée au rapport pour 421 hect. 67 ares, n'est au cadastre de 1855 que de 375 hect. 82 ares 77 cent.

D'où il résulte que les calculs appuyés sur le tableau du rapport sont erronés et sans force pour les conséquences que l'on veut en tirer.

Quant à la comparaison des surfaces données par les cadastres de 1683 et 1855, l'un et l'autre dressés par les experts, il en résulte, que :

1° Celui de 1683 ne présente aucune des parcelles qui font partie du domaine le Mont-d'Argent, quoiqu'il soit dit (*page 33 du rapport*) qu'il a été admis une transaction qui maintient une surface de 3 hect. 43 ares (13 cétérées 17 dextres) pour être classés au 7me degré du cadastre de 1683;

2° Celui de 1855 impose, comme nouvellement incorporée, les parcelles portant les n° 427 à 439 de la section E, commune de Fontvieille, d'une surface de 4 hect. 82 ares 90 cent. faisant partie du Mont-d'Argent, et les classe au 2me degré. Ce qui d'après le principe suivi les fait contribuer sur la même base d'intérêt à la conservation des anciens et nouveaux travaux, (cette dernière conséquence s'applique à toutes les classifications de 1855);

3° Ce même cadastre impose les parcelles 431, 436 et 467, 477, 479, du même domaine, sans que leur surface totale, qui est de 25 hect. 34 ares 30 cent. figure sur aucun cadastre ni comme incorporée. (21 hect. 68 ares 60 cent., sont de 1er classe, 3 hect. 65 ares 70 cent. de 2me;)

4° Onze parcelles de la section R, commune d'Arles, qui ne figurent au cadastre de 1683 que pour 64 ares 53.59 cent., ont leur surface augmentée ensemble de 38 hect. 98 ares 33 cent., sur celui de 1855, sans que la provenance ou l'application de ce procédé aient la moindre indication sur les autres cadastres. (30 hect. 26 ares 55 cent., sont de 1er classe, 8 hect. 71 ares 78 cent. sont de 2me). Sur ce nombre le n° 603 qui était de 8me classe a eu sa surface doublée et répartie par égales parts aux 1re et 2me degrés d'intérêt actuel et passé.

5° Une diminution, sans causes données, de 0 hect. 45 ares 06, est faite à la parcelle n° 458 de la même section R, de 2me classe;

6° Deux augmentations sont faites dans la section Y, de la commune d'Arles, l'une de 7 hect. 12 ares 95 cent., sur trois parcelles de 1re classe, l'autre de 15 hect. 30 ares 31 cent. sur trois parcelles de 2me classe, c'est le cadastre de 1855 qui les opère;

7° Dans la section AD de la commune d'Arles, le cadastre de 1855 présente une diminution de 4 hect. 92 ares 00 cent. faite aux parcelles 619, 620 et 621.

Les augmentations et diminutions compensées, il reste une augmentatation de................................. 55^h 63^a 61^c
sur les surfaces mises au cadastre de 1683.

Rien n'appuyant ces augmentations, on est porté à craindre qu'elles ne soient pas en rapport avec les surfaces réelles données par le cadastre communal aux parcelles auxquelles elles s'appliquent.

Et si à ces augmentations on ajoute celle des terres du Mont-d'Argent qui ne sont comprises ni au cadastre de 1683, ni sur la matrice de classement des incorporés qui est de............................ 25 34 30

le cadastre de 1855 devra présenter une augmentatation sur celui de 1683 de, ci................. 80 97 91

Cependant, on a vu ci-devant que ce cadastre de 1855 ne porte les anciens intéressés que pour............ 5279 29 85

Que le cadastre de 1683, comprenant les dessiccateurs et les incorporés, représente ces anciens intéressés pour...................................... 5356 16 18

Et que le cadastre de 1683, appliqué au paiement de la dette, les représente pour..................... 5376 48 28

Ce qui constitue une diminution de 85 hect. 86 ares 33 cent., ou de 97 hect. 18 ares 43 cent., ou encore, avec les augmentations qu'il ne représente pas, de 178 hect. 16 ares 34 cent.

Il faut donc qu'il ait été opéré par les experts de sérieux et nouveaux retranchements sur les classes inférieures de leur cadastre de 1683, déjà réduit de 1,742 hect., pour que cette augmentation ait disparu au résultat.

Quelle est la cause d'une telle combinaison de chiffres que MM. les experts passent sous silence ?

—

Guidée par l'opinion qu'il a fallu abandonner, l'application des classements offerts par le cadastre de 1855 avait été faite dans la pensée que le système suivi, en s'écartant des bases de 1683, avait cependant gardé une progression ascendante et descendante qui n'en intervertissait pas absolument l'ordre ; de là était née la formule du tableau n° 4 ci-devant.

Mais de la comparaison faite (à la première annexe) des deux premières classes, il est devenu évident qu'il n'a été suivi aucune base appréciable, même pour les nivellements ; car des terres de 1er, 2e, 3e, 4e, 6e, 7e, 8e et 9e degré d'intérêt, dont la différence de niveau avait nécessairement influé sur le classement dont la cause principale était le dessèchement, sont aujourd'hui comprises au premier degré pour les anciens comme pour les nouveaux travaux.

—

Toutes ces anomalies ne sont pas moins sensibles dans ce que présente la seconde annexe.

Celle-ci est relative aux biens des dessiccateurs.

Les experts ont fait un rôle particulier pour montrer les surfaces et les classements de ces biens.

Ce rôle présente des classements et des surfaces dont le total est conforme aux indications données par le tableau ci-dessus, n° 5, qui a été copié de la page 60 du rapport, où il est placé pour démontrer l'exactitude que ce classement porte aux fins de n'imposer les dessiccateurs que du tiers de la dépense nécessitée par les anciens travaux, ainsi que le veulent leurs contrats.

Mais cette connexion entre le tableau et le rôle, par des causes que l'on ne peut caractériser, n'existe pas entre eux, et le cadastre de 1855 qui sert de base à l'impôt que doivent payer les dessiccateurs ; car ce cadastre, malgré des retranchements de 15 hectares qu'il fait subir au rôle on ne sait pourquoi, présente encore 57 hect. d'excédant sur les chiffres des deux premières classes, ce qui, bien évidemment, fait disparaître l'apparence de leur exactitude, quelque moyen que l'on puisse prendre pour ramener l'identité des totaux des biens imposés.

Ainsi, comme il a été dit, l'incorporation des dessiccateurs dans un intérêt uniforme, quelque élasticité que l'on ait donnée au classement, ne satisfait point le respect dû à la fixité de leurs charges établie par des contrats, et porte une perturbation insolite à leurs transactions privées.

S'il pouvait rester quelque doute sur la justesse de cette opinion, qui doit produire le rejet du travail des experts quant aux dessiccateurs, les faits suivants, joints à ceux déjà cités, n'en laisseront point sur l'impossibilité d'accorder le mérite de l'exactitude, tant à cette branche de leur travail qu'à celle relative aux fonds desséchés, ou bonifiés seulement, dans leurs intérêts aux paiements de la dette et des anciens et nouveaux travaux de dessèchement.

Il est un principe admis de tous, c'est celui que les biens désemparés à Wan-Ens ne doivent point contribuer aux charges de la dette, et que ceux-là seuls sont aptes à jouir de la condition de ne contribuer qu'au paiement du tiers du montant des dépenses d'entretien des travaux anciens.

D'où il suit que la terre que l'on fait concourir au paiement de la dette ne doit pas faire partie des biens désemparés, ou, si elle en fait partie, elle est indûment imposée ; et, si sa consistance et sa cotisation ont influé sur le chiffre de la répartition entre les vrais intéressés, cette répartition est erronée et ne peut être maintenue.

Comme aussi, si les biens attribués aux successeurs de Wan-Ens ne dérivent pas de ses possessions à titre de dessiccateur, et que ces biens soient compris au nombre de ceux qui ne doivent contribuer qu'au tiers de la dépense, il y a lésion pour les intéressés au paiement des deux tiers, et les répartitions faites sur ces bases ne peuvent être homologuées.

Ces principes rappelés , si l'on se rend compte de ce qui résulte de la comparaison que porte la deuxième annexe , on reconnaît :

1° Que la matrice spéciale des biens attribués aux dessiccateurs donne pour chiffre aux surfaces imposées au premier degré, 854 hect. 40 ares 49 cent., et au deuxième 406 hect. 04 ares 38 cent., ce qui est identique avec le tableau mis au rapport ;

2° Que le livre intitulé Cadastre de 1855 porte ces surfaces pour les mêmes classes à 879 hect. 45 ares 67 cent. la première , et 438 hect. 55 ares 33 cent. la deuxième , ce qui constitue une augmentation de 25 hect. 05 ares 18 cent. à la première et de 32 hect. 50 ares 95 cent. à la deuxième, ou une différence totale pour les deux classes de 57 hect. 56 ares 13 cent.;

3° Que pour arriver à ce résultat , 1 hect. 15 ares, représentés par le n° 422 de la section E de la commune de Fontvieille , 13 hect. 20 ares 32 cent., représentés par les n°ˢ 30 et 31 de la section R de la commune d'Arles , et 1 hect. du n° 446 de la même section , portés et classés sur la matrice spéciale des dessiccateurs , ne figurent pas au cadastre de 1855. Et 71 hect. 92 ares 05 cent. sont ajoutés aux surfaces de deux parcelles de la commune de Fontvieille , de onze parcelles de la section R , et de douze de la section Y de la commune d'Arles ;

4° Que le premier retranchement de 1 hect. 15 ares , fait du n° 422 de Fontvieille , présente cette particularité que ce numéro , d'abord donné aux dessiccateurs sur le cadastre de 1683 pour cette surface de 1 hect. 15 ares , est passée aux nouveaux incorporés pour celle de 19 hect. 62 ares , d'abord classée au 7ᵉ degré ; et enfin au premier sur le cadastre de 1855, où il était aussi donné en double emploi aux dessiccateurs ;

5° Que les 71 hect. 92 ares 05 cent. dont les terrains attribués aux successeurs de Wan-Ens , par leur matrice spéciale , ont été augmentés au cadastre de 1855 , proviennent des portions de ces terrains qui contribuent au paiement de la dette , et ont été ajoutées aux corps dont elles font partie , qui sont la propriété des dessiccateurs , quand il s'est agi de l'impôt aux travaux.

Sans faire ressortir les difficultés que l'origine des biens de Wan-Ens oppose à une telle combinaison , il faut reconnaître que les principes rappelés ci-dessus lui sont évidemment applicables ; car :

Si les propriétés imposées à la dette appartiennent aux dessiccateurs, elles ne devaient pas y être imposées ;

Si elles ne leur appartiennent pas, l'impôt des travaux ne pouvait être mis à leur charge, et le bénéfice de leur traité ne devait pas ressortir en faveur de ces propriétés.

En opérant comme on l'a fait,

Dans la première hypothèse, on a faussé la consistance des contribuables à la dette et leur cotisation ;

Dans la seconde hypothèse, tout en grevant indûment les dessiccateurs d'un impôt, on a faussé aussi la consistance des terrains contribuables aux deux tiers de la dépense des travaux anciens, et le chiffre de leur cotisation.

—

Une comparaison, qui n'est pas faite ici, mais que la commission peut faire en jetant les yeux sur les notes marginales mises au cadastre de 1855, est celle des classements donnés sur ce cadastre aux terres nouvellement incorporées avec ceux que porte la matrice spéciale de ces terres.

Après une telle comparaison, il est difficile d'accorder un caractère sérieux aux travaux que produisent les incohérences qui en résultent.

—

Si aux causes importantes qui viennent d'être signalées et qui seules imposent le besoin d'une révision profonde du travail des experts de 1855, la commission ajoute les besoins de cette révision commandée par la confusion produite par des classements identiques pour toutes les natures d'intérêts aux travaux anciens et nouveaux.

Par la nécessité de se rendre compte de l'application et des causes des retranchements opérés sur la consistance du cadastre de 1683 ; ce qui ne lui est possible qu'au moyen de l'application du parcellaire de ce cadastre au parcellaire du cadastre actuel que ne lui produisent pas les experts ;

Par le besoin d'appliquer le taux de la contribution qu'imposa le cadastre de 1683, tant aux terres maintenues au nouveau cadastre qu'à celles qui en sont distraites comme n'ayant aucun intérêt à la confection et au maintien des ouvrages nouveaux ;

Et aussi par la révision indispensable d'un classement fait sans égard aux chances de submersion qu'avaient ou que conservent les terres desséchées :

Ses conclusions seront conformes aux besoins de clarté et de précision que réclament la justice et l'équité qui doivent être les bases des jugements qu'elle a à prononcer dans ses honorables fonctions.

Le Président de la Commission,

J.-J.-C. DURAND,

Chevalier de la Légion-d'Honneur, ancien Maire.

1ʳᵉ ANNEXE.

COMPARAISON des CLASSES et SURFACES

données par les Cadastres de 1683 et 1855

AUX TERRAINS (autres que ceux provenant de Wan-Ens), COMPRIS DANS LES 1ᵉʳ ET 2ᵉ DEGRÉS D'INTÉRÊT

POUR LA

RÉPARTITION DES CHARGES D'ENTRETIEN

DES ANCIENS ET NOUVEAUX TRAVAUX DE DESSÈCHEMENT,

Par les Experts de 1855.

COMPARAISON des CLASSEMENTS *donnés par le cadastre de 1683 (dressé par les experts de 1855), aux terres comprises dans les 1re et 2me classes d'intérêt à la conservation des travaux de desséchement, anciens et nouveaux, par le cadastre de 1855, lesdites terres ne faisant point parties de celles attribuées aux dessiccateurs.*

Cadastre de 1683.					Cadastre de 1855.		OBSERVATIONS.
					1re classe.	2me classe.	
COMMUNES.	SECTIONS	Nos	SURFACES.	CLASSES.	SURFACES.	SURFACES.	
			hect. ares cent		hect. ares cent.	hect. ares cent.	
Tarascon	G	524	» 87 20	2me 0.1120 / 3me 0.7600	» » »	» 11 20	0.76.00 3me classe.
—	-	546	4 60 »	1re 0.6900 / 2me 3.9100	» 69 »	» » »	3.91.00 3me classe.
—	-	564	15 20 50	2me 4.2400 / 3me 10.9600	» » »	4 24 »	10.96.50 3me classe.
—	-	569	5 45 10	2me 3.9627 / 3me 1.4883	» » »	3 96 27	1.48.83 3me classe.
			26 12 80		» 69 »	8 31 47	
Fontvieille	E	5	4 38 »	1re		4 38 »	
—	-	40	» 54 70	3me		» 54 70	
—	-	41	» 53 10	3me		» 53 10	
—	-	42	» 58 40	3me		» 58 40	
—	-	43	» 58 »	3me		» 58 »	
—	-	44	» 54 »	1re		» 54 »	
—	-	45	» 52 10	1re		» 52 10	
—	-	58	» 54 70	1re		» 54 70	
—	-	59	1 38 70	1re		1 38 70	
—	-	60	1 49 60	1re		1 49 60	
—	-	61	» 56 80	1re		» 56 80	
—	-	62	1 57 50	1re		1 57 50	
—	-	63	» 31 30	3me		» 31 30	
—	-	64	» 31 80	3mo		» 31 80	
—	-	65	» 75 60	3me		» 75 60	
—	-	66	» 78 30	3me		» 78 30	
—	-	67	» 55 80	3me		» 55 80	
—	-	68	» 52 »	3me		» 52 »	
—	-	69	» 56 80	3me		» 56 80	
—	-	70	» 82 80	3me		» 82 80	
—	-	71	» 88 20	3me		» 88 20	
—	-	72	» 86 40	3me		» 86 40	
—	-	73	» 89 50	3me		» 89 50	
—	-	74	» 83 70	3me		» 83 70	
—	-	75	2 45 70	1re		2 45 70	
—	-	76	» 72 »	1re		» 72 »	
—	-	77	» 37 80	1re		» 37 80	
A reporter...			24 93 30		» » »	24 93 30	

COMMUNES.	SECTIONS	Nº	Cadastre de 1683. SURFACES.	CLASSES.	Cadastre de 1855. 1re classe. SURFACES.	2me classe. SURFACES.	OBSERVATIONS.
			hect. ares cent.		hect. ares cent.	hect. ares cent.	
		Report.	24 93 30		. . .	24 93 30	
Fontvieille	E	78	. 38 40	1re	. . .	» 38 40	
—	–	79	. 83 80	3me	. . .	. 83 80	
—	–	80	. 94 30	3me	. . .	. 94 30	
—	–	81	. 61 90	3me	. . .	. 61 90	
—	–	82	. 59 20	3me	. . .	. 59 20	
—	–	83	. 57 80	3me	. . .	. 57 80	
—	–	84	. 54 .	3me	. . .	. 54 .	
—	–	85	61 .	3me	. . .	. 61 .	
—	–	86	. 50 20	3me	. . .	. 50 20	
—	–	87	. 46 50	2me	. . .	. 46 50	
—	–	88	. 49 30	2me	. . .	. 49 30	
—	–	89	. 39 70	2mo	. . .	. 39 70	
—	–	90	. 58 50	2me	. . .	. 58 50	
—	–	91	. 94 90	2me	. . .	. 94 90	
—	–	92	. 46 60	2me	. . .	. 46 60	
—	–	93	. 43 20	2mc	. . .	. 43 20	
—	–	94	. 54 50	2me	. . .	. 54 50	
—	–	95	. 44 60	2me	. . .	. 44 60	
—	–	96	. 57 70	2me	. . .	. 57 70	
—	–	96²	. 58 .	2me	. . .	. 58 .	
—	–	97	. 9 20	3me	. . .	. 9 20	
—	–	98	. 9 20	3me	. . .	. 9 20	
—	–	99	. 36 .	3me	. . .	. 36 .	
—	–	100	1 6 10	3me	. . .	1 6 10	
—	–	101	. 53 60	3me	. . .	. 53 60	
—	–	102	1 64 90	3me	. . .	1 64 90	
—	–	103	. 28 90	3me	. . .	. 28 90	
—	–	104	. 26 50	3me	. . .	. 26 50	
—	–	105	. 26 50	3mc	. . .	. 26 50	
—	–	106	. 56 20	3me	. . .	. 56 20	
—	–	107	. 55 90	1re	. . .	. 55 90	
—	–	108	. 75 60	1re	. . .	. 75 60	
—	–	109	. 59 80	1re	. . .	. 59 80	
—	–	110	. 59 10	1re	. . .	. 59 10	
—	–	111	. 92 .	1re	. . .	. 92 .	
—	–	112	. 47 .	1re	. . .	. 47 .	
—	–	113	. 57 80	1re	. . .	. 57 80	
—	–	114	. 66 40	1re	. . .	. 66 40	
—	–	114²	. 38 40	1re	. . .	. 38 40	
—	–	115	. 26 .	1re	. . .	. 26 .	
—	–	115²	. 54 90	1re	. . .	. 54 90	
—	–	116	. 23 90	1re	. . .	. 23 90	
—	–	116²	. 14 50	1re	. . .	. 14 50	
—	–	117	. 90 30	1re	. . .	. 90 30	
		A reporter......	49 26 10		» » »	49 26 10	

COMMUNES.	SECTIONS	N^{os}	SURFACES.	CLASSES.	1re classe. SURFACES.	2me classe. SURFACES.	OBSERVATIONS.
			hect. ares cent.		hect. ares cent.	hect. ares cent.	
Fontvieille	E	Report.	49 26 10		. . .	49 26 10	
—	–	118	1 30 .	1re	. . .	1 30 .	
—	–	119	. 70 80	4me	. . .	. 70 80	
—	–	120	. 72 .	1re	. . .	. 72 .	
—	–	121	1 23 50	1re	. . .	1 23 50	
—	–	122	1 1 50	4me	. . .	1 1 50	
—	–	123	1 1 10	4me	. . .	1 1 10	
—	–	127	. 54 .	1re et 4me	. 17 17	6 74 50	0.36.83 , 3me classe.
—	–	316	6 74 50	1re	. . .	6 74 50	
—	–	364	14 6 70	6me et 7me	. . .	14 6 70	
—	–	374	5 31 30	7me	. . .	5 31 30	
—	–	377	. . .		6 16 80	. . .	Incorporés.
—	–	397	4 30 10	7me	. . .	4 30 10	
—	–	398	7 39 30	7me	7 39 30	. . .	
—	–	409	19 39 90	7me	15 51 92	. . .	3.87.98 , 4me classe.
—	–	420	. . .		6 3 30	. . .	Incorporés.
—	–	422	1 15 .		19 62 20	. . .	id. 1.1500 sont imposés aux dessic- cateurs, ce qui ne peut s'expli- quer que par une erreur.
—	–	427	. . .		. . .	. 80 80	Cette parcelle et les suivantes font partie du Mont-d'Argent,
—	–	428	. . .		. . .	. 27 60	elles ne figurent pas sur le cadas-
—	–	429	. . .		. . .	. 40 60	tre de la dette, mais elles figu-
—	–	430	. . .		. . .	. 29 70	id. rent aux incorporés, quoiqu'en
—	–	431	. . .		. . .	. 30 60	grande partie maintenues au
—	–	432	. . .		. . .	. 67 50	cadastre de 1683. (Voir ce qui est écrit à la page 33 du rapport
—	–	433	. . .		. . .	. 36 70	des experts de 1855.)
—	–	434	. . .		. . .	. 33 90	id. la matrice ne porte que 30^a 90^c. id.
—	–	435	. . .		. . .	. 49 40	id. id.
—	–	436	. . .		. . .	. 13 50	id. id.
—	–	437	. . .		. . .	. 28 60	id. id.
—	–	438	. . .		. . .	. 20 20	id. id.
—	–	439	. . .		. . .	. 23 80	id. id.
—	–	451	. . .		. . .	1 77 10	Comme les précédentes , cette parcelle dépend du Mont- d'Argent et n'est classée sur aucun autre cadastre que celui de 1855. *Augmentation 3.65.70*
	A reporter...		114 15 80		54 90 69	92 27 60	

COMMUNES.	SECTIONS	Nos	Cadastre de 1683. SURFACES.	CLASSES.	Cadastre de 1855 1re classe. SURFACES.	2me classe. SURFACES.	OBSERVATIONS.
			hect. ares cent		hect. ares cent	hect. ares cent	
		Report.	114 15 80		54 90 69	92 27 60	Les nos 451, 466, 67, 77 et 79, sont
Fontvieille	E	466	. . .		. .	1 88 60	dans la même catégorie. Ils font
—	-	467	. . .		5 68 10	. .	partie du Mont-d'Argent, ils avaient
—	-	477	. . .		10 56 .	. .	été rayés du cadastre de 1683 et de
—	-	479	. . .		5 44 50	. .	la dette, mais par système suivi, ils
—	-	561	. 64 .	8me	3 38 50	. .	sont portés aux 1res classes des contribuables à l'œuvre de Wan-Ens, à laquelle ils étaient déclarés étrangers. *Augmentation 21.68.60.*
—	-	562	. . .	7me	3 21 10	. .	*Augmentation 2.74.50.*
—	-	563	. . .	3me	. .	59 80	Incorporés.
			114 79 80		83 18 89	94 76 .	id.
Arles.	R	38	. 45 92	1re 0.0918 / 8me 0.3674	. .	. 45 92	
—	-	42	. 37 84	1re 0.0756 / 8me 0.3028	. .	. 37 84	
—	-	43	. 5 60	1re 0.0112 / 8me 0.0448	. .	. 5 60	
—	-	47	. 77 43	1re 0.1548 / 8me 0.6195	. .	. 77 43	
—	-	48	. 20 88	1re 0.0447 / 8me 0.1671	. .	. 20 88	
—	-	51	. 39 36	1re 0.0787 / 8me 0.3149	. .	. 39 36	
—	-	52	. 29 96	1re 0.0599 / 8me 0.2397	. .	. 29 96	
—	-	56	. 78 26	1re 0.1565 / 8me 0.6221	. .	. 78 26	
—	-	57	. 22 99	1re 0.0459 / 8me 0.1840	. .	. 22 99	
—	-	61	. 76 95	1re 0.1539 / 8me 0.6156	. .	. 76 95	
—	-	62	. 23 80	1re 0.0476 / 8me 0.1904	. .	. 23 80	
—	-	67	. 24 14	1re 0.0482 / 8me 0.1992	. .	. 24 14	
—	-	68	. 21 45	1re 0.0429 / 8me 0.1716	. .	. 21 45	
		A reporter...	5 4 58		. .	5 4 58	

			Cadastre de 1683.		Cadastre de 1855		OBSERVATIONS.
COMMUNES.	SECTIONS	Nᵒˢ	SURFACES.	CLASSES.	1ʳᵉ classe. SURFACES.	2ᵐᵉ classe. SURFACES.	
			hect. ares cent.		hect. ares cent.	hect. ares cent.	
		Report.	5 4 58		. . .	5 4 58	
Arles.	R	73	. 23 4	{1ʳᵉ 0.0460 / 8ᵐᵉ 0.1844}		. 23 4	
—	-	74	. 20 30	{1ʳᵉ 0.0406 / 8ᵐᵉ 0.1624}		. 20 30	
—	-	80	. 21 75	{1ʳᵉ 0.0435 / 8ᵐᵉ 0.1740}		. 21 75	
—	-	81	. 54 2	{1ʳᵉ 0.1080 / 8ᵐᵉ 0.4322}		. 54 2	
—	-	262	. . .	9ᵐᵉ		7 77 60	Incorporés.
—	-	263	. . .	9ᵐᵉ		3 22 .	id.
—	-	275	6 3 96	1ʳᵉ		6 3 96	
—	-	299	3 40 .	1ʳᵉ		3 40 .	
—	-	300	10 96 .	1ʳᵉ et 2ᵐᵉ		10 96 .	
—	-	324	8 35 54	1ʳᵉ		8 35 54	
—	-	326	1 40 16	1ʳᵉ		1 40 16	
—	-	360	1 58 72	1ʳᵉ		1 58 72	
—	-	362	2 65 70	1ʳᵉ		2 65 70	
—	-	363	1 24 .	1ʳᵉ		1 24 .	
—	-	364	1 26 .	1ʳᵉ		1 26 .	
—	-	365	. 30 71	1ʳᵉ		. 30 71	
—	-	366	. 11 34	1ʳᵉ		. 11 34	
—	-	367	. 12 .	1ʳᵉ		. 12 .	
—	-	383	1 29 .	1ʳᵉ		1 29 .	
—	-	395	2 32 .	1ʳᵉ		2 32 .	
—	-	396	. 63 41	1ʳᵒ		. 63 41	
—	-	408	. 14 40	1ʳᵉ		. 14 40	
—	-	409	. 14 52	1ʳᵉ		. 14 52	
—	-	410	. 14 52	1ʳᵉ		. 14 52	
—	-	411	. 14 52	1ʳᵉ		. 14 52	
—	-	412	. 14 52	1ʳᵉ		. 14 52	
—	-	413	. 14 52	1ʳᵉ		. 14 52	
—	-	414	. 29 4	1ʳᵉ		. 29 4	
—	-	416	. 60 14	1ʳᵉ		. 60 14	
—	-	426	18 56 80	8ᵐᵉ	18 56 80	. .	
—	-	430	3 96 64	7ᵐᵉ et 8ᵐᵉ	3 96 64	. .	
—	-	431	4 65 92	7ᵐᶜ et 8ᵐᵉ	4 65 92	. .	
—	-	439	3 81 45	6ᵐᵉ		8 47 67	On ne sait d'où vient cet
—	-	440	3 1 61	6ᵐᵉ		6 56 37	excédant de surface qui ne
—	-	441	. 41 20	6ᵐᵉ		. 92	figure pas par incorporᵒⁿ.
—	-	450	21 80 .	9ᵐᵉ	10 90 .		10.9000, 3ᵐᵉ classe.
—	-	451	21 93 30	9ᵐᵉ	21 93 30	. .	
—	-	451²	3 44 50	8ᵐᵉ	3 44 50	. .	
—	-	452	. 13 26	9ᵐᵉ		. 13 26	
—	-	452³	4 28 87	9ᵐᵉ	11 28 87	. .	11.28.87,3ᵐᵉ classe. Il y a aug- mentation de 7 hect.
	A reporter....		135 71 96		74 89 29	76 64 5	

Observations (chiffres à droite): 4.6622 / 3.5476 / 0.5080

COMMUNES.	SECTIONS	Nos	SURFACES.	CLASSES.	1re classe. SURFACES.	2me classe. SURFACES.	OBSERVATIONS.
			hect. ares cent.		hect. ares cent.	hect. ares cent.	
		Report.	135 71 96		74 89 29	76 64 5	
Arles.	R	453	. 15 .	9me	. 10 .	. . .	0.05.00, 3me classe.
—	-	453²	7 99 62	9me	10 77 84	. . .	5.3892, 3me classse. Il y a augon de 2 hect. 78.22.
—	-	456	1 8 36	3me	3 1 .	. . .	Il y a augmenton de 1 hect. 92.64
—	-	456²	3 47 18	6me et 3me	6 42 97	. . .	3.2143, 3me classe. Il y a augon de 2 hect. 95.79.
—	-	457²	2 36 89	3me	6 58 4	. . .	Il y a augmenton de 4 hect. 21.15
—	-	458	1 37 6	1re et 2me	. . .	. 92	Il y a diminuton de 0 hect. 45.06
—	-	460²	1 8 36	3me	3 1 .	. . .	Il y a augmenton de 1 hect. 92.64
—	-	571	. . .	3me	2 51 70	. . .	Incorporés.
—	-	571²	. . .	3me	3 30 91	. . .	id.
—	-	578	23 16 16	10me	11 58 8	. . .	11.58.08, 4me classe.
—	-	579	1 50 .	8me	1 50 .	. . .	
—	-	580	5 98 26	8me et 10me	11 30 25	. . .	11.30.25, 4me classe. Il y a augon de 5 hect. 31.99.
—	-	592	6 15 60	4me et 7me	3 7 80	. . .	3.07.80, 4me classe.
—	-	602	. 84 .	8me	. 84 .	. . .	
—	-	603	. . .	8me	4 14 12	. . .	4.14.11, 4me classe. Il y a augon de 4 hect. 14.12.
			190 88 45	.	143 7 .	77 56 5	
Arles.	Y	1306²	. 38 70	4me	. . .	. 38 70	
—	-	1306³	. 38 70	4me	. . .	. 38 70	
—	-	1316	1 24 95	1re	1 24 95	. . .	
—	-	1317	. 80 75	1re	. 80 75	. . .	
—	-	1319	1 13 31	1re	. . .	1 13 31	
—	-	1320	. 80 56	4me	. . .	. 80 56	
—	-	1321	. 87 33	4me	. . .	. 87 33	
—	-	1357	1 17 25	4me	. . .	1 17 25	
—	-	1358	2 71 80	4me	. . .	2 71 80	
—	-	1362	2 . 20	8me	2 . 20	. . .	
—	-	1367	3 99 35	1re	. . .	3 99 35	
—	-	1398	14 79 57	1re	. . .	14 79 57	
—	-	1576	2 14 76	8me et 9me	. . .	2 14 76	
—	-	1583²	3 48 57	9me	. . .	3 48 57	
—	-	1584	1 53 60	9me	. . .	1 53 60	
—	-	1587	1 92 60	9me	. . .	1 92 60	
—	-	1589	. 5 .	9me	. . .	. 5 .	
—	-	1590	2 75 .	9me	. . .	2 75 .	
—	-	1592	2 91 .	7me et 8me	. . .	2 91 .	
—	-	1603	2 63 25	9me	. . .	2 63 25	
—	-	1604	2 60 15	8me et 9me	. . .	2 60 15	
	A reporter....		50 36 40		4 5 90	46 30 30	

COMMUNES.	SECTIONS	N⁰ˢ	Cadastre de 1683. SURFACES.	CLASSES.	Cadastre de 1855. 1ʳᵉ classe. SURFACES.	2ᵐᵉ classe. SURFACES.	OBSERVATIONS.
			hect. ares cent.		hect. ares cent.	hect. ares cent.	
Arles.	Y	Report. 1608	50 36 40 / 4 75 75	8ᵐᵉ et 9ᵐᵉ	4 5 90 / 4 75 75	46 30 50 / . . .	
—	–	1609	4 82 76	8ᵐᵉ	4 82 76	. . .	
—	–	1611	4 . .	8ᵐᵉ	. . .	17 83 8	*Augmentation 13 hect. 83.08.*
—	–	1612	. . .	8ᵐᵉ	. . .	8 65 8	Incorporé.
—	–	1613	. . .	8ᵐᵉ	. . .	13 . .	id.
—	–	1614	19 48 43	4ᵐᵉ	15 42 66	7 71 33	*Augmentation 3 hect. 65.56.*
—	–	1615	. 54 61	4ᵐᵉ	. 54 61	. . .	
—	–	1616	5 62 .	1ʳᵉ	7 22 10	. . .	*Augmentation 1 hect. 60.10.*
—	–	1617	. . .	4ᵐᵉ	. 11 20	. . .	Incorporé.
—	–	1618	. . .	4ᵐᵉ	. . .	3 85 36	id.
—	–	1619	2 18 75	5ᵐᵉ	. . .	3 6 18	*Augmentation 0 hect. 87.43.*
—	–	1620	1 86 .	1ʳᵉ	3 73 27	. . .	*Augmentation 1 hect. 87.27.*
—	–	1621	. 57 85	1ʳᵉ	. . .	4 17 25	*Augmentation 0 hect. 59.40.*
—	–	1633	1 14 .	3ᵐᵉ	. . .	1 14 .	
			95 36 55		40 68 25	102 72 98	
Arles.	AD	1025	9 2 72	1ʳᵉ	. . .	5 72 72	Rayé. *Diminution 3 hect. 30.00.*
—	–	1028	3 81 80	1ʳᵉ	. . .	2 39 80	*id.* 1 42.00.
—	–	1029	13 65 12	1ʳᵉ	. . .	12 45 12	*id.* 1 20.00.
—	–	1062	2 9 44	1ʳᵉ	. . .	2 9 44	
—	–	1063	8 94 40	1ʳᵉ	. . .	8 94 40	
—	–	1064	11 11 53	1ʳᵉ et 3ᵐᵉ	. . .	5 55 76	5.55.77, 3ᵐᵉ classe.
—	–	1065	. 48 76	1ʳᵉ	. . .	. 48 76	
			49 13 77		» » »	37 66 .	
Arles.	AE	81	2 92 .	3ᵐᵉ	. . .	2 92 .	
—	–	149	13 64 44	6ᵐᵉ	. . .	13 64 44	
—	–	150	11 74 36	9ᵐᵉ	. . .	11 74 36	
—	–	151	7 54 18	6ᵐᵉ et 9ᵐᵉ	. . .	7 54 18	
—	–	152	1 31 56	6ᵐᵉ	. . .	1 31 56	
—	–	188	. 66 .	9ᵐᵉ	. . .	. 66 .	
—	–	191	2 52 .	3ᵐᵉ	. . .	2 52 .	
—	–	230	. 73 44	2ᵐᵉ	. . .	. 73 44	Rayé.
—	–	231	. 69 70	2ᵐᵉ	. . .	. 69 70	Rayé.
—	–	232	. 33 54	2ᵐᵉ	. . .	. 33 54	Rayé.
—	–	233	. 2 76	2ᵐᵉ	. . .	. 2 76	Rayé.
—	–	300	. 1 76	2ᵐᵉ	. . .	. 1 76	Rayé.
—	–	301	. 1 8	2ᵐᵉ	. . .	. 1 8	Rayé.
—	–	607	. 14 26	4ᵐᵉ	. . .	. 14 26	
—	–	608	. 54 .	4ᵐᵉ	. . .	. 54 .	
	A reporter...		42 85 8		» » »	42 85 8	

COMMUNES.	SECTIONS	Nos	SURFACES.	CLASSES.	1re classe. SURFACES.	2me classe. SURFACES.	OBSERVATIONS.
			Cadastre de 1683.		**Cadastre de 1855**		
			hect. ares cent.		hect. ares cent.	hect. ares cent.	
		Report.	42 85 8		. . .	42 85 8	
Arles.	AE	609	. 67 60	4me	. . .	. 67 60	
—	–	610	. 36 60	4me	. . .	. 36 60	
—	–	611	. 20 30	4me	. . .	. 20 30	
—	–	612	. 39 30	4me	. . .	. 39 30	
—	–	613	. 7 85	4me	. . .	. 7 85	
—	–	616²	. 18 .	4me	. . .	. 18 .	
—	–	618	. 74 80	4me	. . .	. 74 80	
—	–	619	. 73 50	4me	. . .	. 73 50	
—	–	620	. 84 60	4me	. . .	. 84 60	
—	–	621	. 27 1	4me	. . .	. 27 1	
—	–	622	. 36 27	4me	. . .	. 36 27	
—	–	623	. 49 40	4me	. . .	. 49 40	
—	–	624	. 15 20	4me	. . .	. 15 20	
—	–	625	. 49 60	4me	. . .	. 49 60	
—	–	626	. 20 91	4me	. . .	. 20 91	
—	–	627	. 62 66	4me	. . .	. 62 66	
—	–	628	. 77 19	4me	. . .	. 77 19	
—	–	629	. 75 60	4me	. . .	. 75 60	
—	–	630	. 88 74	4me	. . .	. 88 74	
—	–	631	. 54 .	4me	. . .	. 54 .	
—	–	632	. 73 53	4me	. . .	. 73 53	
—	–	633	. 31 36	4me	. . .	. 31 36	
—	–	634	. 26 60	4me	. . .	. 26 60	
—	–	635	. 4 16	4me	. . .	. 4 16	
—	–	636	. 20 40	4bic	. . .	. 20 40	
—	–	637	. 20 33	4me	. . .	. 20 33	
—	–	638	. 2 70	4me	. . .	. 2 70	
—	–	639	. 2 16	4me	. . .	. 2 16	
—	–	640	. 20 71	4me	. . .	. 20 71	
—	–	641	. 25 .	4me	. . .	. 25 .	
—	–	642	. 85 .	4me	. . .	. 85 .	
—	–	643	. 11 44	4me	. . .	. 11 44	
—	–	644	. 12 40	4me	. . .	. 12 40	
—	–	645	. 4 32	4me	. . .	. 4 32	
—	–	646	. 46 .	4me	. . .	. 46 .	
—	–	647	. 46 .	4me	. . .	. 46 .	
—	–	648	. 65 .	4me	. . .	. 65 .	
—	–	649	. 76 56	4me	. . .	. 76 56	
—	–	650	. 68 37	4me	. . .	. 68 37	
—	–	651	. 66 25	4me	. . .	. 66 25	
—	–	652	. 41 16	4me	. . .	. 41 16	
—	–	654	. 7 .	4me	. . .	. 7 .	
—	–	655	. . 42	4me	. . .	. . 42	
—	–	656	. . 36	4me	. . .	. . 36	
		A reporter......	60 18 44		» » »	60 18 44	

COMMUNES.	SECTIONS.	Nos	SURFACES.	CLASSES.	Cadastre de 1855. 1re classe. SURFACES.	Cadastre de 1855. 2me classe. SURFACES.	OBSERVATIONS.
			hect. ares cent.		hect. ares cent.	hect. ares cent.	
Arles.	AE	Report.	60 18 44		. . .	60 18 44	
—	-	657	. . 48	4me		. . 48	
—	-	658	. . 48	4me		. . 48	
—	-	659	. . 36	4me		. . 36	
—	-	660	. 8 80	4me		. 8 80	
—	-	661	. 36 .	4me		. 36 .	
—	-	662	3 50 .	6me		3 50 .	
—	-	663	. . 48	6me		. . 48	
—	-	664	. . 48	6mo		. . 48	
—	-	665	. . 48	6me		. . 48	
—	-	666	. . 96	6me		. . 96	
—	-	667	. . 96	6me		. . 96	
—	-	668	1 23 48	6me		1 23 48	
—	-	669	1 26 44	6me		1 26 44	
—	-	670	. 64 75	6me		. 64 75	
—	-	671	. 72 80	6me		. 72 80	
—	-	672	. 58 68	6me		. 58 68	
—	-	673	. 5 76	6me		. 5 76	
—	-	674	. 82 15	6me		. 82 15	
—	-	675	. 60 .	6me		. 60 .	
—	-	676	. 57 60	6me		. 57 60	
—	-	677	1 30 68	3me		1 30 68	
			72 » 26		» » »	72 . 26	

RÉCAPITULATION.

COMMUNES.	SECTIONS.	Dessiccateurs. 1re CLASSE.	Dessiccateurs. 2me CLASSE.	Desséchés. 1re CLASSE.	Desséchés. 2me CLASSE.	Total par Classes. 1re CLASSE.	Total par Classes. 2me CLASSE.
		hect. ares cent.	hect. ares cent.	hect. ares cent.	hect. ares cent.	hect. ares cent.	hect. ares cent.
Tarascon.	A	» » »	» » »	» 69 »	8 31 47	» 69 »	8 31 47
Fontvieille.	E	99 74 99	222 16 47	143 7 »	77 56 3	242 81 99	299 72 50
	R	376 16 »	121 24 23	143 7 »	77 56 3	519 23 »	198 80 26
Arles.	Y	346 11 42	108 47 97	40 68 25	102 72 98	386 79 67	211 20 95
	AD	» » »	» » »	» » »	37 66 »	» » »	37 66 »
	AE	» » »	» » »	» » »	72 » 26	» » »	72 » 26
		822 2 41	451 88 67	327 51 25	375 82 77	1149 53 66	827 71 44

RÉSULTATS DE LA COMPARAISON CI-DESSUS.

COMMUNES.	SECTIONS.	SURFACES.	AUGMENTATIONS		DIMINUTIONS.		1ʳᵉ CLASSE.	2ᵉ CLASSE.
CADASTRE DE 1683.			MUTATIONS FAITES PAR LES EXPERTS DE 1855.				CADASTRE DE 1855.	
			par incorporation.	sans motifs.	par changem. de classe	sans motifs.		
		hect. a. c.	hect. a. c.	hect. a. c.	hect. a. c.	hect. a. c.	hect. a. c.	hect. a. c.
Tarascon	G	26.12.80	» » »	» » »	17.12.33	» » »	0.69.00	8.31.47
Fontvieille	E	114.79.80	40.46.10	28.08.80	4.24.81	1.15.00	83.18.89	94.76.00
	R	190.88.45	16.82.21	38.98.33	25.60.88	0.45.06	143.07.00	77.56.05
	Y	95.36.55	25.61.84	22.42.84	» » »	» » »	40.68.25	102.72.98
Arles	AD	49.13.77	» » »	» » »	5.55.77	5.92.00	» » »	37.66.00
	AE	72.00.26	» » »	» » »	» » »	» » »	» » »	72.00.26
		548.31.63	82.90.15	89.49.97	52.53.79	7.52.06	267.63.14	393.02.76
			172.40.12		A déduire: 60ʰ05ᵃ85ᶜ		660ʰ65ᵃ90ᶜ	
			720.71.75					

Total net, égal : 660ʰ65ᵃ90ᶜ

2me ANNEXE.

COMPARAISON des SURFACES et CLASSES

DONNÉES

AUX PROPRIÉTÉS ATTRIBUÉES AUX SUCCESSEURS DE WAN-ENS

comprises dans les 1er et 2me degrés d'intérêt

A L'ENTRETIEN DES ANCIENS ET NOUVEAUX TRAVAUX DE DESSÈCHEMENT

PAR LES DIVERS CADASTRES

DRESSÉS PAR LES EXPERTS DE 1855

COMMUNES — SECTIONS — NUMÉROS	MATRICE DE CLASSIFICATION des terres des dessiccateurs		CADASTRE de 1683 avec l'adjonction DES DESSICCATEURS et DES INCORPORÉS		CADASTRE servant à la RÉPARTITION de la dette	CADASTRE DE 1855 servant à la RÉPARTITION DES DÉPENSES sans distinction d'intérêt.		OBSERVATIONS.
	1re CLASSE	2me CLASSE	SURFACES.	Classes	la dette.	1re CLASSE	2me CLASSE	
	hect. ares cent.	hect. ares cent.	hect. ares cent.		hect. ares cent.	hect. ares cent.	hect. ares cent.	
Fontvieille Section E								
N° 304	. . .	6 9 80	6 9 80	2me		. .	6 9 80	
302		13 90 80	13 90 80	2me		. .	13 90 80	
304		13 38 50	13 38 50	2me		. .	13 38 50	
305		17 1 70	17 1 70	2me		. .	17 1 70	
306		7 81 20	7 81 20	1re		. .	7 81 20	
307	. . .	2 26 10	2 26 10	1re		. .	2 26 10	
309		12 37 50	12 37 50	1re		. .	12 37 50	
312		6 63 .	6 63	3me		. .	6 63 .	
313		2 22 40	2 22 40	1re		. .	2 22 40	
314²		20 12 90	20 12 90	1re		. .	20 12 90	
315		8 67 10	8 67 10	1re		. .	8 67 10	
333		14 72 80	14 72 80	1re		. .	14 72 80	
334		10 61 10	10 61 10	1re		. .	10 61 10	
335		5 44 70	5 44 70	1re		. .	5 44 70	
336		2 69 10	2 69 10	1re		. .	2 69 10	
337		. 94 60	. 94 60	1re		. .	. 94 60	
338		7 30	7 30	1re		. .	7 30	
339		. 92 30	. 92 30	1re		. .	. 92 30	
346		16 49 80	16 49 80	1re		. .	16 49 80	
347		13 48 60	13 48 60	1re		. .	13 48 60	
348		2 96 .	2 96 .	1re		. .	2 96 .	
352	19 53 .		19 53 .	1re		19 53 .	. .	
353	14 3 40		14 3 40	1re		14 3 40	. .	
356		18 74 80	18 74 80	2me		. .	18 74 80	
357	4 62 20		4 62 20	2me		4 62 20	. .	
358		. 49 50	. 49 50	2me		. .	. 49 50	
359	1 85 60		1 85 60	2me		1 85 60	. .	
384²	1 75 .		6 44 .	7me	4 69	6 44 .	. .	
385²	13 68 .		17 10 .	7me		13 68 .	. .	3 hect. 42.00, à la 4me classe.
390		10 9	12 16	9me	2 7	. .	12 16	
416	13 8 10		13 8 10	1re		13 8 10	. .	
417	8 56 60		8 56 60	1re		8 56 60	. .	
418	14 57 70		14 57 70	7me		14 57 70	. .	
419	2 19 60		2 19 60	7mo		2 19 60	. .	
422	1 15 .		19 62 20	7me		. .	. .	Passé aux incorporés pour 19.62.20
423	16 76 .		16 76 .	1re		16 76 .	. .	
424	17 84 60		17 84 60	1re		17 84 60	. .	
425	9 75 20		9 75 20	1re		9 75 20	. .	
425²	. 26 40		. 26 40	1re		. 26 40	. .	
426	11 11 40		11 11 40	1re		11 11 40	. .	
Totaux..	150 77 80	208 20 60	387 63 60		6 76	134 31 80	240 27 60	

COMMUNES — SECTIONS — NUMÉROS	MATRICE DE CLASSIFICATION des terres des dessicateurs.		CADASTRE de 1683 avec l'adjonction DES DESSICCATEURS et DES INCORPORÉS.		CADASTRE de 1683 servant à la RÉPARTITION de la dette.	CADASTRE DE 1855 servant à la RÉPARTITION DES DÉPENSES sans distinction d'intérêt.		OBSERVATIONS.
	1re CLASSE	2me CLASSE	SURFACES.	Classes		1re CLASSE	2me CLASSE	
	hect. ares cent.	hect. ares cent.	hect. ares cent.		hect. ares cent.	hect. ares cent.	hect. ares cent.	
Arles Section R N° 30	. . .	1 . 32	1 . 32	1re	. . .	. . .	. . .	
31	12 20 .	. . .	12 20 .	1re	. . .	. . .	. . .	
32	. . .	17 6 .	17 6 .	1re	. . .	. . .	17 6 .	
33	1 75 70	. . .	1 75 70	1re	. . .	1 75 70	. . .	
33²	. 25 10	. . .	. 25 10	1re	. . .	. 25 10	. . .	
33³	. 25 10	. . .	. 25 10	1re	. . .	. 25 10	. . .	
33⁴	. 25 10	. . .	. 25 10	1re	. . .	. 25 10	. . .	
33⁵	. 25 10	. . .	. 25 10	1re	. . .	. 25 10	. . .	
33⁶	. 25 10	. . .	. 25 10	1re	. . .	. 25 10	. . .	
33⁷	. 25 10	. . .	. 25 10	1re	. . .	. 25 10	. . .	
33⁸	. 50 20	. . .	. 50 20	1re	. . .	. 50 20	. . .	
34	. 43 60	. . .	. 43 60	1re	. . .	. 43 60	. . .	
35	1 38 .	. . .	1 38 .	1re	. . .	1 38 .	. . .	
36	. . .	1 5 74	1 5 74	1re	. . .	. . .	1 5 74	
37	. . .	. 21 85	. 21 85	1re	. . .	. . .	. 21 85	
250	. . .	1 4 92	1 57 92	2me	. 56	. . .	1 57 92	
251	. . .	. 31 4	. 41 4	2me	. 10	. . .	. 41 4	
252	. . .	. 44 70	. 62 70	2me	. 18	. . .	. 62 70	
253	. . .	. 57 16	. 76 16	2me	. 19	. . .	. 76 16	
254	. . .	. 30 72	. 38 72	2me	. 8	. . .	. 38 72	
255	. . .	6 61 85	6 61 85	2me	. . .	. . .	6 61 85	
256	. . .	19 27 80	19 27 80	2me	. . .	. . .	19 27 80	
257	. . .	18 62 8	18 62 8	2me	. . .	. . .	18 62 8	
258	. . .	10 69 59	10 69 59	2me	. . .	. . .	10 69 59	
265	4 30 14	. . .	4 30 14	2me	. . .	4 30 14	. . .	
266	1 12 .	. . .	1 12 .	2me	. . .	1 12 .	. . .	
267	17 72 65	. . .	17 72 65	2me	. . .	17 72 65	. . .	
268	11 73 .	. . .	11 73 .	2me	. . .	11 73 .	. . .	
269	23 98 75	. . .	23 98 75	2me	. . .	23 98 75	. . .	
270	. 35 36	. . .	. 35 36	1re	. . .	. 35 36	. . .	
271	. 58 65	. . .	. 58 65	1re	. . .	. 58 65	. . .	
272	2 87 57	. . .	2 87 57	1re	. . .	2 87 57	. . .	
274	. . .	7 60 55	7 60 55	1re	. . .	. . .	7 60 55	
302	. . .	1 33 52	17 99 52	1re 2me	} 16 66	. . .	17 99 52	
321	. . .	. 21 66	. 21 66	1re	. . .	. . .	. 21 66	
322	. . .	. 20 79	. 20 79	1re	. . .	. . .	. 20 79	
323	. . .	1 13 36	1 13 36	1re	. . .	. . .	1 13 36	
325	. . .	2 13 89	2 13 89	1re	. . .	. . .	2 13 89	
368	. . .	. 41 40	. 41 40	1re	. . .	. . .	. 41 40	
369	. . .	. 41 50	. 41 50	1re	. . .	. . .	. 41 50	
370	. . .	. 34 80	. 34 80	1re	. . .	. . .	. 34 80	
371	. . .	. 34 80	. 34 80	1re	. . .	. . .	. 34 80	
A reporter..	80 46 22	91 37 4	189 60 26		17 77 »	68 26 22	108 13 72	

COMMUNES SECTIONS NUMÉROS	MATRICE DE CLASSIFICATION des terres des dessiccateurs.		CADASTRE de 1683 avec l'adjonction DES DESSICCATEURS et DES INCORPORÉS.		CADASTRE de 1683 servant à la RÉPARTITION de la dette.	CADASTRE DE 1855 servant à la RÉPARTITION DES DÉPENSES sans distinction d'intérêt.		OBSERVATIONS.
	1re CLASSE	2me CLASSE	SURFACES.	Classes		1re CLASSE	2me CLASSE	
	hect. ares cent.	hect. ares cent.	hect. ares cent.		hect. ares cent.	hect. ares cent.	hect. ares cent.	
Arles Section R Report...	80 46 22	94 37 4	189 60 26		17 77	68 26 22	108 13 72	
N° 384	. . .	1 47 50	1 47 50	1re	. .	. . .	1 47 50	
394	. . .	. 26	2 51	1re	2 25	. . .	2 51 .	
423	4 51	. .	4 51	9me	. .	4 51	. . .	
424	14 38 38	. .	14 38 38	9me	. .	14 38 38	. . .	
425	. 22 80	. .	. 22 80	8me	. .	. 22 80	. . .	
427²	. 96	. .	. 96	8me	. .	. 96	. . .	
427	8 29 20	. .	8 29 20	8me	. .	8 29 20	. . .	
428	23 33 34	. .	23 33 34	8me	. .	23 33 34	. . .	
415	. . .	. 94 40	. 94 40	1re	. .	. . .	. 94 40	
429	6 72 17	. .	9 70 75	1re 8me	2 98 68	9 70 75	. . .	X — 0.10
432	34 53 8	. .	34 53 8	8me	. .	34 53 8	. . .	
433	10 31 94	. .	10 31 94	8me	. .	10 31 94	. . .	
434	14 78 40	. .	14 78 40	8me	. .	14 78 40	. . .	
435	57 1 50	. .	57 1 50	8mo	. .	57 1 50	. . .	
436	14 28 50	. .	14 28 50	8me	. .	14 28 50	. . .	
437	17 1 80	. .	17 1 80	6me	. .	17 1 80	. . .	
438	34 65 20	. .	34 65 20	6me	. .	34 65 20	. . .	
442	20 89	. .	20 89 .	6me	. .	20 89 .	. . .	
443	. . .	. 69 60	. 69 60	4mo	. .	. . .	. 69 60	
443²	. . .	. 69 60	. 69 60	4mo	. .	. . .	. 69 60	
444	18 38 80	. .	18 38 80	6mo	. .	18 38 80	. . .	
445	21 86 35	. .	21 86 35	6me	. .	21 86 35	. . .	
446	3 73 74	. .	3 73 74	6me	. .	2 73 74	. .	Probablement erreur du copiste.
459	. . .	. 13 1	. 94 20	1re 2me	. 81 19	. . .	. 94 20	
460	. . .	. 5 50	. 5 50	1re	. .	. . .	. 5 50	
471	. . .	1 82 86	2 . 86	4me	. 18 .	. . .	2 . 86	
545	. . .	. . .	1 4 43	4e - 7e	1 66 86	. . .	1 4 43	
545²	. . .	2 10 97	2 73 40			. . .	2 73 40	
TOTAUX..	386 37 42	99 56 48	511 60 53		25 66 73	376 16 »	121 24 21	
Section Y N° 1303	. . .	3 23 98	3 23 98	3me	. . .	. . .	3 23 98	
1304	. . .	5 58 60	5 58 60		. .	. . .	5 58 60	
1305	. . .	4 51 40	5 3 40	3me	. 52 .	. . .	5 3 40	
1306	. . .	2 58 39	2 58 39	4me	. .	. . .	2 58 39	
1307	4 42 80	. . .	4 42 80	4me	. .	4 42 80	. . .	
1308	. . .	. 36 73	2 70 40	4me	2 33 67	. . .	2 70 40	
1309	3 14 64	. . .	3 14 64	4me	. .	3 14 64	. . .	
À reporter..	7 57 44	16 29 10	26 72 21		2 85 67	7 57 44	19 14 77	

10

COMMUNES — SECTIONS — NUMÉROS	MATRICE DE CLASSIFICATION des terres des dessiccateurs.		CADASTRE de 1683 avec l'adjonction DES DESSICCATEURS et DES INCORPORÉS.		CADASTRE de 1683 servant à la RÉPARTITION de la dette.	CADASTRE DE 1855 servant à la RÉPARTITION DES DÉPENSES sans distinction d'intérêt.		OBSERVATIONS.
	1re CLASSE	2me CLASSE	SURFACES.	Classes		1re CLASSE	2me CLASSE	
Arles Section Y	hect. ares cent.	hect. ares cent.	hect. ares cent.		hect. ares cent.	hect. ares cent.	hect. ares cent.	
Report...	7 57 44	16 29 10	26 72 21		2 85 67	7 57 44	19 14 77	
Nº 1310	. . .	1 29 68	2 8 .	4me	. 78 32	. . .	2 8 .	
1311	6 78 72	. . .	6 78 72	4me	. . .	6 78 72	. . .	
1312	. . .	. 53 40	1 69 32	4me	1 15 92	. . .	1 69 32	
1313	. . .	. 41 57	2 39 20	4me	1 97 63	. . .	2 39 20	
1314	. . .	8 84 94	8 84 94	1re	. . .	. . .	8 84 94	
1315	2 87 30	. . .	3 15 .	1re	. 27 70	3 15 .	. . .	
1318	. . .	. 52 36	2 37 36	1re 4me	1 85 .	. . .	2 37 36	
1322	. . .	. 48 11	. 71 74	4me	. 23 63	. . .	. 71 74	
1323	. . .	1 1 46	1 1 46	4me	. . .	. . .	1 1 46	
1359	1 89 21	. . .	2 70 66	6me	. 81 45	2 70 66	. . .	
1360	11 68 43	. . .	11 68 43	6me	. . .	11 68 43	. . .	
1361	4 7 13	. . .	4 7 13	6me	. . .	4 7 13	. . .	
1365	3 47 94	. . .	3 96 94	8me	. 49 .	3 96 94	. . .	
1366	. . .	9 15 60	9 15 60	1re	. . .	. . .	9 15 60	
1392	. . .	. 94 50	. 94 50	4me	. . .	. . .	. 94 50	
1394	. . .	1 11 15	1 11 15	4me	. . .	. . .	1 11 15	
1395	. . .	2 51 59	2 51 59	4me	. . .	. . .	2 51 59	
1607²	5 70 50	. . .	5 70 50	1re	. . .	5 70 50	. . .	
1607³	. . .	2 88 90	2 88 90	1re	. . .	. . .	2 88 90	
1607⁴	5 70 50	. . .	5 70 50	1re	. . .	5 70 50	. . .	
1607⁵	1 44 45	1 44 45	2 88 90	1re	. . .	2 88 90	. . .	
1607⁶	5 70 50	. . .	5 70 50	8me	. . .	5 70 50	. . .	
1610	93 83 62	. . .	93 83 62	1re 8me	. . .	93 83 62	. . .	
1396	. . .	. 28 20	. 28 20	4me	. . .	. . .	. 28 20	
1399	. . .	31 33 69	31 33 69	1re 6me	. . .	. . .	31 33 69	
1449	. . .	16 21 20	16 21 20	1re	. . .	. . .	16 21 20	
1450	31 23 50	. . .	31 23 50	8me	. . .	31 23 50	. . .	
1451	19 76 .	. . .	19 76 .	8me	. . .	19 76 .	. . .	
1572	77 47 63	. . .	104 75 63	1re 8me	27 28 .	104 75 63	. . .	
1574	. . .	. 8 50	2 86 .	5me	2 69 .	1 43 .	1 43 .	
1606	38 2 40	. . .	38 2 40	8me	. . .	38 2 40	. . .	
1607	. . .	2 88 90	2 88 90	1re	. . .	. . .	2 88 90	
Totaux..	317 25 27	98 27 30	456 2 39		40 41 32	348 98 87	107 3 52	

RÉCAPITULATION.

COMMUNES	SECTIONS.	MATRICE DE CLASSIFICATION des terres des dessiccateurs.		CADASTRE de 1683 avec l'adjonction des DESSICCATEURS et des INCORPORÉS	CADASTRE de 1683 servant à la RÉPARTITION de la dette.	CADASTRE DE 1855 servant à la RÉPARTITION DES DÉPENSES sans distinction d'intérêt.	
		1re CLASSE	2me CLASSE			1re CLASSE	2me CLASSE
		hect. ares cent.	hect. ares cent.	hect. ares cent.	hect. ares cent.	hect. ares cent.	hect. ares cent.
Fontvieille	E	150 77 80	208 20 60	387 63 60	6 76 »	154 31 80	210 27 60
Arles....	R	386 37 42	99 56 48	511 60 53	25 66 73	376 16 »	121 24 21
	Y	317 25 27	98 27 30	456 2 39	40 41 32	348 98 87	107 3 52
TOTAUX...		854 40 49	406 4 38	1354 26 52	72 84 5	879 46 67	438 55 33

RÉSULTAT.

	1re CLASSE.	2e CLASSE.
Surface portée au cadastre de 1855	879 46 67	438 55 33
Surface portée à la matrice de classification........	854 40 49	406 04 38
Excédant par classe au cadastre de 1855.....	25 06 18	32 50 95
Total de l'excédant au cadastre de 1855....	57b 57a 13c	

Nimes. — Typographie SOUSTELLE , boulevart St-Antoine , 9.

www.ingramcontent.com/pod-product-compliance
Lightning Source LLC
Chambersburg PA
CBHW050529210326
41520CB00012B/2494